崛起

从不同角度看自己

UPWARD

正心 / 著

中国文史出版社

图书在版编目（CIP）数据

崛起：从不同角度看自己 / 正心著. -- 北京：中国文史出版社, 2018.6

ISBN 978-7-5205-3107-8

Ⅰ.①崛… Ⅱ.①正… Ⅲ.①成功心理—通俗读物 Ⅳ.①B848.4-49

中国版本图书馆CIP数据核字(2021)第154029号

责任编辑：卜伟欣

出版发行：中国文史出版社
社　　址：北京市海淀区西八里庄69号院　　邮编：100142
电　　话：010—81136606　81136602　81136603（发行部）
传　　真：010—81136655
印　　装：廊坊市海涛印刷有限公司
经　　销：全国新华书店
开　　本：710mm × 1000mm　1/32
印　　张：8
字　　数：213千
版　　次：2022年3月北京第1版
印　　次：2022年3月第1次印刷
定　　价：49.00元

自序

提前量，给心灵突围的机会

假如有人穿越回到过去，告诉刚刚结束中考的我说，将来的你会成为老师、校长、创业者、企业家、生命导师……我会觉得这是天方夜谭。为什么？

因为一直到上高中之前，我都是别人眼里的差生！从小学到初中，我的考试成绩都是在班级后五名。每次老师点名批评的都是最后五名学生，我做梦都想考个倒数第六，这样至少不会再被老师点名站起来了。初中毕业后我就没能考上高中，只能回家种地了。

当时我们村里另一个跟我同龄的孩子，考上了重点高中，他父母领着他买上学用品，一家人高高兴兴的。我爸妈和我在路上碰到了他们，互相打了个招呼。回到家他们就难过了，爸爸躺在炕上一整天没说话，妈妈晚上也没做饭，挨着炕沿上的我，一边抚摸我的头一边小心翼翼地跟我商量：

“儿子，要不妈妈也托人找个学校，咱们上学去？”

我内心特别抵触上学，张口就回绝了，说：“种地也挺好的呀！好多人都没考上高中呢！”

妈妈的眼泪瞬间就流下来。我一下子慌了。这些年我几乎没见她哭过。尽管他的儿子不优秀，胆子小，不爱跟人说话，甚至顶了个“郑老蔫儿”的外号，可她也没有对我有过半点呵斥跟不满。但是那一刻，她伤心了。她想到别人家的孩子能够继续上学深造，而我只能回家种地，一辈子过着辛劳的生活。

她劝我："儿子，妈妈不能跟着你一辈子，无论什么时候，无论谁放弃你，你自己都不能放弃你自己。你要是辍学了，就跟妈一样，一辈子面朝黄土背朝天，没啥其他可能了，妈已经这样了，可我希望你的人生能有更多选择！"

妈妈的眼泪一下触动我了，我内心发誓再也不要让妈妈为我流泪，再也不能继续当那个"郑老蔫儿"，让她为我操心难过了。就这样，在她的坚持和帮助下，我进了当地一所农中。如果说现在的我有任何的优点和闪光点，那都是我母亲一点一滴用自己的心捂出来的，也是在她的鼓励和信任下，我决定继续读书。

母亲提前几天将我送到学校，转机就在那时发生了。当时整个学校就我一个学生，给老师们跑腿干活的事儿，很自然地落到了我的头上。那是一种什么样的感觉啊，一个从未被重视认可过的孩子，忽然得到了施展的机会，拥有了前所未有的自信和快乐。

新生过来报到时，我已经摸清楚了学校食堂、宿舍、外边的超市小店等所有情况，班主任让我负责迎新工作，每过来一个学生便给他们登记，领取书籍、带他们去宿舍……

于是，在竞选班长时，已经赢得全班同学信任的我，全票通过！再后来，我又被体育老师"重用"，负责每天的晨练喊操口令。后来，我参加学校各类晚会、演讲比赛，毕业后成为老师，再到自己创业……

我人生的开挂，从我母亲提前几天送我去学校开始。我把它总结为——"凡事提前量，给心灵突围的机会。"这个原则，自始至终贯穿了我的整个人生，我也一直从中受益。

"提前量"这个词也有提前准备的意思。通俗地讲，做事打提前量，就是想问题、办事情尽可能早半拍、快半拍。

古人说的"凡事预则立，不预则废。言前定则不跲，事前定则不困，行前定则不疚，道前定则不穷"也是这个意思。这里的"预"就是预备，"言前、事前、行前、道前"就是事先，意思是指不论做什么事，事先有准备，就能得到成功，不然就会失败，以至于思想困惑、内心痛苦、走投无路。

法国科学家巴斯德有句名言：“机遇只偏爱那些有准备的头脑。”成功者之所以成功，可能只是因为比你提前了一点。比如凡事提前5分钟，这样的人之所以在工作和生活中无往不利，还有一个重要的原因便是无形中建立起来的“心理优势”。

在一个正式的社交场合，一方若是在心理层面占据上风便会受益良多。例如你和一个生意伙伴约在一个餐厅见面，提前5分钟你能够做到：了解周围的环境，选择一个舒适的位置；对菜单做一个浏览，明确适合双方口味的菜式；想一想见面时候的措辞，避免不必要的尴尬……

于是，在接下来的会面中你自然而然地便会表现出“胸有成竹”，而对方，也会因为你的轻车熟路默认你的种种安排，当你掌握了谈话的主动权，事情也就好办了许多。

提前量，在你人生当中不过是白驹过隙的刹那，但是只要你把握好那个提前几小时甚至几分钟的优势，便会让你的每一步都走得自信坚定。

提前量既有纵向的，也有横向的。一件事情，既要想得超前一些，做得深入一些，又要懂得举一反三，触类旁通，看看别的事情能不能参照，能不能早做准备。

在日常生活和工作中，事情有大有小，提前量也有大有小。大到人生规划，小到一个约会，都要用心思索，把提前量设计好。凡事预则立，不预则废。时间是世界上最公平公正的裁判。打好提前量，是重塑心灵最好的机会。

目录

第三章 / 家庭 / 和谐有爱的家庭关系是如何营造的?

第四章 / 关系 / 如何建立让人和物流动起来的良性关系

录

第一章

事业

如何从零到一开启你的新篇章

与其等待生活给你答案，不如自己去发现

2001年的夏天，我还是一个农村的中学老师，白天给孩子们上课，下班后挽起裤腿到地里头干活。这样的生活重复了十多年。我以为，这就是我人生的全部。

直到有一天，我看到了一个故事——《鹰的重生》，我的人生被彻底改变了。我清晰地记得那一天，天气无比的炎热，每个人在一股莫名的躁动中坐立不安。我翻开了一本杂志，想通过阅读让自己心绪平静下来。这时候，鹰的故事走入了我的视野。

我相信很多人都看过这个故事。据说鹰是世界上最长寿的动物之一，可以活到70岁。但大部分的鹰却只能活到40岁。因为，40岁的鹰锋利的尖嘴像枯死的树皮已不再锋利，猎取食物不能一击致命。鹰的爪子也不再精炼有型，开始粗糙变形不再灵巧敏捷。鹰的羽毛开始变得又长又重，飞行时犹如负重前行，大不如前。因此，许多鹰都在这个年龄死去。

这个时候，鹰面临的是两个选择：要么等待死亡，要么蜕变重生。有一部分鹰选择了改变。它们首先要很努力地飞到山顶，在悬崖上筑巢，以便保证自己的安全。然后便要停留在巢附近，不得飞翔。接下来要做的首先是用喙击打岩石，以让它们完全脱落，尔后再静静地等候长出新的喙来。

第二步是用新长出的喙把老化的指甲一根一根地拔出来。

第三步是等新的指甲长出来后，再把羽毛一根一根地拔掉。

等到这些工作全都做完时，鹰要做的就是必须等待羽毛生长了——大概 5 个月之后，它们便又可以恢复原来凶猛无比的样子，继续翱翔于蓝天，重新再过神鹰一般的岁月！

尽管现在看这个励志故事，很多地方都经不起推敲，但是它对当时的我来说不亚于一枚心灵重弹，深深地震撼了我。晚上躺在床上，我脑海中都是鹰重生的画面。想想，我们人类拔一根头发都觉得疼，那鹰一根一根地拔掉羽毛该有多大的决心和勇气呀？一个动物到了中年，都会付出如此大的代价，以期换个活法，鹰犹如此，人何以堪？36 岁的我不停地反问自己，难道我这一生只能这样吗？我要不要也蜕变重生呢？要知道，我已经当了 15 年的中学老师了，每天白天上班，早晚还得到地里干农活。大多数人喜欢抱怨生活的种种不如意，事事的种种不顺心，但却没有勇气去敢改变自己，觉得那样太累、太不易、太辛苦，于是我们苟且地活着，抱怨地活着。

而我，这一刻，被这只重生的老鹰击醒了！

我再也忍不住，从炕上爬起来，跑到客厅踱步。客厅里面一直挂着中国地图和世界地图，可我以前从没仔细看过它们，试图和它们产生链接。那一刻我看着地图，突然有所感悟：世界这么大，中国这么大，可 36 岁的我去到最远的地方也就是大连，我甚至都没走出过东北。我要不要去到更多的地方？要不要做点更多的事情呢？

这个念头让我热血沸腾起来。我在中国地图上仔仔细细地看，有哪些城市是我想去的呢？第一个就是北京。在我小的时候经常歌唱“我爱北京天安门”，但是我从没去过。第二个便是海南，我曾经听过《天涯海角》这首歌，可是我从未想过，要自己走出去，亲自看看那些地方。而它们，此刻就呈现在我的眼前，我觉得自己值得拥有这些美好。

怎么办？除非换个活法，像鹰一样蜕变重生。我可以预料，这一路肯定会充满艰难。但是那一刻我做好了准备，我愿意成为我自己生命的主宰者，我愿意为自己的未来做一个决定，去开拓新的疆土，迎接新的挑战。

第二天，我一大早就去到学校，将一封辞职信递给了校长，说下学期我不干了。校长以为我开玩笑，直到看我态度十分坚决，才开始相信。他以为我找到了更好的去处，不愿意当一个普通的老师。我说我想换个活法，就这么简单。

从办公室踏出去的那一刻，我知道，我的人生注定将不再平坦顺当。但一路走来到今天，我收获更多的是美好和幸福。那些坎坷和艰难，现在回想起来都是生命的恩典，是人生的礼物，是成长的台阶。它让我明白，人到中年，谁说不能改变呢？《中国经济生活大调查》曾经调查显示，中年创业者的比重在上升，创业并非只是年轻人的代名词，追求理想也不再仅仅是青年人的专利。没有一个人，在一开始就知道自己的未来会怎么样，未来的生命有无限种可能，但很多人不敢轻易去尝试。

有人说，人到中年，总在撕扯中前行。撕扯我们的，一边是入世的成功，一边是出世的安逸。安逸有中年人盼望的轻松，而蜕变才是所有人都渴望的人生。

回想 2001 年夏天的那个晚上，给我带来的启发是什么呢？

1.“链接”是能量

在那个炎热失眠的夏夜，我最大的收获便是学会了链接。万事万物之间，都是有链接的。当我把鹰跟自己链接起来的那一刻，我开始获得全新的能量。我不停地反思自己，一个动物尚且能做到中年蜕变重生，那我作为一个具有灵性的人类，可不可以做到呢？于是我开始设计自己的生命蓝图，绘制全新的人生愿景。

2.“我呢”是愿景

任何时候，遇到任何事情，都要学会一个反问——“我呢？”这是我多年来的习惯。当你看到此处的时候，不妨跟自己做一个链接。也许你链接的是鹰，也可能链接的是我。那个夜晚我决定换一种活法，于是在 36 岁的时候，走上了创业之路，一步一步有了今天的成绩。

我这么说，并不是提倡每一个人都去创业，而是希望大家可以去深度思考自己的生命：我们还能以什么方式，让自己的生命绽放得更绚烂美好呢？

3.“夜晚”是差别

人和人的差别不在白天，而在夜晚。独属于一个人自己的时间，决定了他的层次、格局和走向。你要相信，自己付出的每一次努力，跨出的每一步行动，命运都早已帮我们暗中做好了标记。在未来的某一天，当你回望走过的路时，就会发现：

人生没有白走的路，一切无心插柳，其实都是水到渠成。就如我在那个失眠的晚上，想清楚了自己未来想要什么，并付诸行动。恰如哲学家泰戈尔所言："光明就在我们的面前，只要你能捱住痛苦，走过重重黑暗。你的负担将变成礼物，你受的苦将照亮你的路。"

终有一天你会发现，那些吃过的苦，受过的累，都将成为夜空中最亮的星，指引你成为更优秀的人。星光不问赶路人，时光不负有心人。在花开绽放之前，你总要一个人在黑暗中走很远很远的路。但请一定要相信，上天绝不会辜负任何一个拼尽全力的人。

绘制人生寻宝图，发现你的热情线索

英国散文家托马斯　卡莱尔曾经说过：“世界上最不幸的人要数那些说不清自己究竟想做什么的人。他们在这个世界上找不到适合他们干的事，简直无处容身。”

在电影《心灵奇旅》中也提到，每个人都要找到自己的生命火花，他才有机会进入新的生命轮回中。而这个生命火花，就是一个人的天赋和热情。

这是我们在一生寻找自我中，最重要的线索。但并不是每个人都能幸运地找到，我们都只是普通人一个。看看你周围，是不是大部分人活到二十几岁也不知道自己想做什么？很多人想找到自己的天赋，但多数时候都处于茫然无措中。

我跟大多数人一样，很长时间以来，都自认为是一个没什么天赋的人。从小到大，我的成绩并不突出，也不怎么喜欢说话。我出生在农村，家里的经济条件有限，连给我买课外书的钱都没有，更何况那个年代也没有什么能培养我兴趣的培训班。所以直到高中毕业，成为一名中学老师，我也不知道自己真正擅长的到底是什么。

那我是从什么时候开始发现自己有天赋的呢？

1985 年我高中一毕业，就在老家的乡镇中学当数学老师，学校每周三下午的第七、第八节课，学校会统一组织老师们业务学习。有一次我们做的是口才训练，当时打印了《海燕》《再别康桥》《沁园春·雪》这几篇文章，分别给到老师们各自练习。

那时候我刚参加工作，虚岁二十，我带的学生们都是十五六岁，跟我差不了几岁，所以我的心性也像个半大的孩子。那一节口才训练课，我压根就没花心思练习，而是找了几本杂志看得津津有味。

这个时候，忽然有人朝我吼了一嗓子："你都在干吗呢？"我这才发现，校长不知道什么时候站在了我的身后，而我看得太过于投入，竟然一点都没有觉察。我慌忙把杂志收起来。

校长问："让你练习，你练了吗？"

我说："我练了练了。"

校长再问："你练好了吗？"

我硬着头皮说："练好了。"

其实哪里练习了呀！我根本就不敢说实话，怕顶撞他。因为这位校长，是我初中的班主任，虽然现在我跟他成了同事，但我心理上对他依旧保持了一个学生对老师的敬畏。

校长转身出去，不一会儿教导处主任进来，让全体老师到会议室开会。我吓一跳，因为会议时间定的是第八节课，开会怎么能提前了呢？看样子我得挨收拾了。

我提心吊胆地进了会议室，只见底下黑压压的一片，所有人都齐了。

校长板着脸说："国营，站起来，读一下。"

那语气，显然他心里也和我一样，还是把我当个学生的感觉。我老老实实地站起来。在众人的注视下，我选了高尔基的《海燕》，稳定了一下情绪，全神贯注地朗诵起来。

我当时就一个想法，全力以赴，做到最好，这样至少能减轻一点校长对我的怒火。结果很神奇的是，在我刚开口读了几句后，校长紧绷的脸渐渐松弛下来，然后打断我，对着众老师说："大家跟着他一起读。"

于是，这场本该让我出丑的惩罚，竟然变成了我领读同事们的朗诵会！

我第一次发现，我的口才能力和热情，是超乎自己想象的。那一刻，站在台前领读的我，对自己有了崭新的认知。我发现能力不仅仅是练出来的，真正的本领，是被激发出来的，它是潜藏在我内心深处的热情和天赋。

当天，我的职务就变成了学校团委书记。我记得校长当着众人宣布，接下来的团委事宜，由郑老师负责。是的，那是他第一次改口，称呼我为老师。我在他心里，从一个学生晋级为他的同事。

如何将我们的天赋发挥到极致呢？

天赋这个东西，也是有保质期，如果你一直把它搁在冰箱，不去动它，迟早有一天，你还是会泯然众人。当我发现自己在口才上有独特的能力和热情后，我并没有止步于此，我想着怎样能做到更好。

“往心里去”则是我发挥天赋最好的方法。

我记得有一次女儿调侃我说，你还是老师呢，连平翘舌都不分。因为我当时上学的时候，启蒙老师的普通话的基础就不好。这个问题我以前没有重视过，但是那天女儿的话，让我往心里去想了。孩子才上小学一年级，如果这方面我都不如她了，将来怎么办呢？

怎么让自己的发音更准确呢？我想挑战一下教语文，因为那将在业务能力上对我提出更高的要求。于是第二天一上班我就去校长办公室，请求下学期教语文。校长一口回绝了，笑着说：“你都教了这么多年数学了，现在学校本来就缺数学老师，你教什么语文呢？”

我当时只说了两句话，他就答应我了。哪两句话呢？

第一句，下学期我一定要教语文，教不好的话，我全年工资都给老师分了。

当时我不但把这句话说出来了，还拿一张纸写上了，在下面签上名字，摁上了手印儿，立下了军令状，这叫承诺。这表明我的态度：校长，你看这是真的。

第二句话，校长你要让我教呢，我就继续，你要不让我教语文我就不干了。

这两句话看似简单，但表明了我的决心和态度。当你极度渴望某件事情的时候，行动一定要跟得上你的渴望。那就是做出承诺。不管是恋人还是同事，抑或生意伙伴之间，当你敢于做出承诺，说出切实可行的“完不成的惩罚”，大家心里对你的信任度就会高很多，也能看到你的诚意所在。

所以要做成一件事，不仅仅需要有想法，更重要的是，你的渴望度决定了成长的速度，你的渴望度决定了成功的速度。

因此，我顺利转型成为一名语文老师，在工作中全面提升了自己的音准。

当时我有个学生，后来师范毕业成了我的同事。有一天我们在办公室闲聊，她就跟我说，郑老师，等我将来结婚的时候你给我当司仪吧。我说好啊。当时她才 18 岁还没对象，也就随口说说。但是我把这个话往心里去了。那个年代，农村连司仪这个词儿都没有，我要学习怎么做司仪，就得去城里。刚好有个机会，我去城里参加朋友的婚礼，当时我连饭都顾不上吃，那会也没有录音笔、智能手机这些，我就拿个笔和本儿不停地记录，学着人家司仪是怎么当的。

这一准备就是五年，期间，我写满了一本教学笔记，我经常拿着笔，酝酿着婚礼主持词的书写、修改。当时农村经常办一些喜事，比如谁家老人家过寿，我就写一段，万一找我说两句呢？没找！谁家孩子满月酒，我就写一段，万一找我主持呢？没找！农村最大的事儿是盖房子，新房上梁要庆祝摆酒席，我就想如果别人请我说，我要怎么说呢？提前准备，还是没找我！但是我编写的主持词已经无比丰富，而且一有时间我就开口练习，上班路上练，地里干活练，就连劈柴、挑水时都练，就是靠着无数次的练习，我渐渐有了自己一整套的方法和规律。

在我给我的学生主持完婚礼后，我一炮而红，在场的所有人都感到无比震撼。这个事很快就一传十、十传百了。没多久，乡团委书记找到我说，我看过你主持的婚礼，非常好。马上国庆 50 周年了，你就全权负责这个庆祝活动吧，怎么策划、怎么主持你说了算。当时只剩两天的时间，全乡各村各企事业单位的支部都要报节目，我不仅负责主持还得负责全盘策划，虽然压力很大，但是我感到兴奋，因为这是对我能力的一种认可。

这次庆典后，有人专程过来请我，做珊瑚宾馆的专职司仪。这个宾馆是我们市里规模最大、级别最高的宾馆，而对方开出的酬劳，一场婚礼相当于我上班两个月的工资。

后来，我利用自己业余时间成了“专业”的司仪，其实那一刻给我的成长是无限的，也为我未来辞掉工作去市里创业，创办智慧语言学校奠定了基础。

当我领到第一份“专业”司仪的酬劳后，我将这笔钱送给了当初请我做她婚礼司仪的那个学生。她就懵了，问我，老师你为什么给我钱呢？我说，你知道吗？没有你，我就不会有成为司仪的这个念头，就因为当年你说请我主持婚礼，我就认真地准备，现在它已经变成了我的一份收入了，所以第一份成果应当归功于你，你必须收下。这是一颗心，一颗感恩的心。你给我带来的价值是无限的，真的非常感谢。

说到这里，可能很多读者朋友已经发现了诀窍。

天赋，永远是我们的热情在指引着。无论何时，当你面临任何的选择、机遇和挑战时，永远选择你的热情所在。当我们出于“我选择去做”的时候，我们会拥有超强的行动力，愿意面对一切困难，我们感到生活如此明亮。可是当我们习惯于处于“我应该”去做事时，我们会有一种沉重的牺牲感。

我们所有人都是过着一种“我应该”的人生，而不是“我选择”的人生。当你开始追随自己的热情之后，你自然而然慢慢地能够觉察，“关心他人”和“关心他人怎么看你”之间的区别，你慢慢能够体悟，“关心自己的真实需求”和“自私”之间的区别。

怎么去发现这种天赋呢？

我们不妨把热情当作提示器。“热情”表示个人与某些事物之间的深刻吸引力，一种能产生深深的喜爱和满足感的强烈联结和热忱。热情是爱的一种表现形式，所以那些顺应天赋的人总会说他们热爱自己所做的事情。

热情是一种能量，它来源于一个人内部的动机，也就是你发自内心干自己想干的事儿，内部动机越强，能量就越大。如果你做的事情是自己喜欢的，那么一天下来你虽会身体疲惫，但却会感到精神焕发；如果你一天都在做自己不喜欢的事情，那么虽然你的体力还好，但士气会很低落，似乎需要补充点儿能量。

热情，就是增加你的心灵能量，而不是消耗它。那你可能觉得我也知道找到热情是好事儿，但是我没有热爱的事情怎么办呢？这个要靠一点点悟性，当看到吸引你的东西时，你就会有一见钟情的感觉。

学会这种能力，你就是稀缺人才

口才是人才的标志

世界上有两件事情最难，第一件是把别人的钱装进你的口袋里，第二件是把你的思想装进别人的脑袋里。在这两件事中，口才都扮演着极其重要的作用。不管是政界的领袖列宁、克林顿、奥巴马，还是商界的成功人士韦尔奇、比尔·盖茨、松下幸之助、马云等，他们无一不是具有出色的口才。

古人有云：一人之辩，重于九鼎之宝。三寸之舌，强于百万之师。口才的价值和意义在如今这个时代得到了充分的肯定。可以说，口才就是人才的标志。每个人都想拥有好口才，那到底什么样才算得上是好口才呢？

很多人觉得好口才就是能言善辩，妙语生花，甚至天花乱坠。但我认为好的口才标准，其实非常质朴简单：就是说真话，说实话，说掏心窝子的话。

可能你会对此感到诧异，口才真的这么简单吗？

举个例子，有人问我：“正心老师，怎么提高自己的销售能力？”

我说：“你讲真话，就够了。”

他一脸疑惑，表示不解。

我继续问："你卖什么呢？"

他说："我卖保健品的。"

我问："那你吃了吗？"

他说："我没咋吃，就刚开始代理的时候吃过一点儿。"

我说："那你先别卖，自己都不了解的东西，怎么能卖给别人呢？"

有些销售员做得特别好，是因为他自己就是产品的受益者。比如张某，他是怎么跟这个产品结缘的呢，他自己就曾经是比较严重的亚健康状态，然后通过这个产品把自己身体调理好了，所以他才开始代理这个产品，去做感恩回馈。

他为什么做得好？因为他讲的是真话，自己从中受益了。你想要做好这个产品的销售，就大胆地去尝试、去体验，留意自己身体的变化，如果没变化，那你就别做这个了，说明这个东西跟你没缘。你没有体验感的东西，说出来的话是没有分量的，自然没办法让客户信服你。

不仅仅是销售，所有打动人心的口才，都是源自真诚的分享。你仔细观察会发现，那些企业家都能演讲，他们讲什么？他们讲的是自己的经历，是现在的成就，是这一路的坎坷和成长……

这样的口才，才能走进人内心深处的。

口才是一生的财富

我曾经在自己的学员拓展训练课程中，开设了一个特别的环节，叫突破。每个参加活动的学员，第一件事就是上交手机和钱财，让自己处于“身无分文”的状态，然后分组接受任务。这个任务就是要在身无分文的情况下，去到自己选定的养老院或孤儿院，去看望老人或孩子，而且去养老院、孤儿院往返坐车不可以花钱。第二件事是用自己的感召力，获得一顿免费的午餐，要求最少四个菜，不可以花钱。第三件事是每一个人要找到三个异性跟他拥抱。

当时任务布置下去，很多人都说太难了。能不能完成，大家心里都没底。

我们当时住在鼓浪屿，进出需要坐船。大家必须在规定的时间内完成任务，再坐船赶回教室。这些人最后有没有完成任务呢？无一例外，他们都完成了。当他们打开自己的心门，尝试跟这个世界做沟通的时候，每个人、每个团队都创造出了无数的奇迹。靠的是什么呢？口才。

这也说明了一个真理，口才不是学舌。

在一个特定的场景下，我们每个人原本的口才潜能都会被激发出来。课程结束后，很多学员的家人朋友都会觉得很惊讶，因为他们原来的印象可能是很内向、沉闷的，但是现在却能说会道，性情开朗，跟换了一个人似的。其实口才这个能力，人人具备，就像呼吸一样，它不是技能，而是我们与生俱来的本能。

口才是练习出来的

一个非常有趣的现象，当我开始重视我的口才的时候，我发现自己的口才就变好了。怎么变好的呢？我总结了五条基础法则。

1. 我喜欢我的声音

自信是提升口才的基础。很多人不爱说话是觉得自己普通话说得不太好，怕暴露自己的弱项，被别人笑话。就像学广东的白话和上海话等，学得最快的一定是那些平时敢学敢“出丑”的人。要想提升口才，就一定要对自己的声音充满自信，不要在乎别人的眼光。

要知道，我们的声音是能变化的，当你开始喜欢自己的声音时，你会发现你的声音越来越好听，你就能看到吉祥的语言里面潜藏的能量，它能让倾听者产生愉悦，让事情的发展朝着积极的方向发展，让别人对你的信任和好感倍增。

2. 我爱讲话

喜欢说话是口才的开始，很多人口才不好都是因为平口说得太少。有句话叫拳不离手、曲不离口，说话亦是如此，如果你平时不太说话，在需要表达的时候往往就会力不从心。要想提升口才，必须多说话，时刻告诉自己的内心，我喜欢说话，这样就会促使你主动与别人交流，也是迈向好口才的第一步。

很多家长会忧心忡忡地说，我家孩子不爱讲话，嘴笨。可事实其实并不是这样，孩子原本是能说愿意说的，可是当家长一次次暗示自己“孩子不善言辞”时，这个潜意识就会进入到孩子心里，结果真的变成不善言辞了，这也是负面语言的能量影响。

3. 有时间就开口练习

当我们开始暗示自己，“我喜欢我的声音，我喜欢讲话”后，接下来要做的事就是多练习了。比如在炎热的夏季路口，你正在等红绿灯，随口说道："今天好热呀，虽然我在等红绿灯，但是心情很好。"这句话表达的是你当下一刻真实的感受，而且给了自己积极的心理暗示，让即使不那么可爱的事情，也朝着明媚的方向发展了。

当我们能够把这些练习贯穿到我们生活的方方面面时，它就成了一个非常轻松好玩的游戏，你随时都能张嘴练一练。我自己也是这么练习口才的。不管是骑着自行车上下班，还是在课堂上，或者在地里头干活，我都随时练习。有一次，我边从水井里舀水，边练习自己在婚礼上该说的词儿，结果水都溢出来也不知道，旁人看着我这样都当我是魔怔了。

真正的学习时间，其实都是碎片化的，只要你想练习，哪怕是去趟厕所的工夫都可以。只有你说得足够多，才能灵活运用。就像很多人经常说的，如果你想给予别人一滴水，自己必须得先有一碗水。

这些练习，就是我们积攒的水源。

4. 有机会就大胆展现

很多人遇到当众说话的机会就躲，硬是让自己的笨嘴拖了人生的后腿。事实上，在一些重要场合上的发言机会，有时候抵得过你辛辛苦苦埋头苦干三年。把握住机会，大胆展现，会让你在众多说话者中脱颖而出。

有一次，我跟朋友去参加他们上海公司的一个新闻发布会，朋友正准备推出一个全新的项目。为了这个项目，公司上下在前期耗费了极大的物力和精力。可是临近会议的前两个小时，我朋友犯怵了。他拿着项目架构设计的资料过来酒店房间找我说，你来讲吧！我说我不懂啊，你自己的东西自己最清楚。

朋友愁眉苦脸，说我真讲不了，这场面太大了，我现在整个人都在发抖，万一上台语无伦次，说不定还搞砸了全公司的心血。

我看他是认真的，就把资料拿过来快速地看，边看边问。有些地方我理解不了就删，很快我就梳理了一个自己上台讲解的版本。

那天上台，我讲解完整个项目，一群人挤着报名想拿代理。朋友感激不已。他说，你讲的东西，跟别人不一样。假如我来说，我可能因为太过于了解这个产品，导致事无巨细什么都想讲，可是你会挑着重点说，还是大家最关心的部分，你能让大家看到这个项目的全貌。

这个过程中，我看到了口才给自己带来的价值，给大家带来的价值。我所扮演的角色，其实更像是一个翻译。有些事情我能看到很多的面，然后对不同的人讲不同的面，并不是我创造什么，而是我用一种别人能接受、理解的方式，将信息传递给了对方。

而中间媒介是，口才。

5. 每天进步一点点

口才是长期的积累，瞬间的展示。

先给大家讲个故事。有个农夫，养了一头母牛，他每天放牛都要过一条小河。后来母牛生了一头小牛，小牛刚生下来就能够站立行走，但过河过不去，于是呢，一到河边小牛就停下来，农夫就把它抱起来，走过去。放牛回来呢，仍然是到了河边抱起来，走回来，一晃几个月过去了，牛养成个习惯，每到河边就停下来，农夫也养成个习惯，一到河边就把它抱起来。

小牛一天天长大，眼看已长成一百多斤重的半大牛了，农夫仍抱着它在河里过去过来，一如往常，浑然不觉。有一天有个路人经过，看到了这一幕，非常吃惊。他夸赞这个农夫，你真是力大如神啊，居然可以抱得起一头牛！

农夫平静地说，因为我天天抱着它。

但其实半年过去，那头牛已经不是刚生下来的小牛，但为什么农夫还能抱得动呢？因为牛的重量每天长一点点，农夫的力量也跟着长一点点。

人的能力就是这么练出来的，特别是口才的能力，当我们在口才练习方面尝到了甜头，那么这个种子已经在生根长叶开花结果，未来的口才高手将是你。

口才是成功的捷径

我曾经在家乡办过一所智慧语言学校，当时我们投放在电视台的广告，全是我自己亲自录的。有人就提议说，正心老师，你的声音很好呀，为什么不去电视台应聘当主持人呢？我心想那就试试呗，于是我就参加了这个考试，当时分为笔试、面试朗读、临场发挥等。我的综合分数虽然挺高，但是因为种种原因，并没有被录取。

虽然当时有过几分失落，但是我想未来一定有更好的机会等着我。后来搬家到了大庆，那是我的第二故乡。有一次大庆电视台的一位领导听完我讲的课后，就邀请我给大庆电视台的《今晚 60 分》栏目组做培训，包括现场的记者、播音员、主持人等，为他们做一个系列的培训。这个栏目在大庆是非常有影响力的，它的整个班底工作人员业务能力也很强。

这个机会弥补了之前未被电视台录用的遗憾，可以说既是我没想到的，又是我曾预料到的。我当时就有个愿景，未被录用，将来我会更好。虽然当时我也不知道什么叫更好，可它用另一种方式实现了我跟电视台的缘分。

走到今天，好的口才就像在帮我通往成功的路上，一路大开绿灯，虽有坎坷，但最终所愿皆得以实现。不管你愿不愿意承认，在这个互联网能把个性无限放大的时代，好口才是我们表达和销售自己的最佳武器。

它是我们的个人品牌，是我们的活名片，是我们行走社会的通行证。一旦练好这个技能，你的人生将受益无穷。

打造最强战斗力的团队，要这么做

在当前社会，市场拼的是资本、是团队，团队的重要性是不言而喻的。

那么如何打造一支战斗力超强的优质团队呢？下面我以秦国发展的小故事为例。

秦国的崛起，与拥有一支强大的新军密不可分。毕竟当时是大争之世，对外还是要靠拳头说话。秦朝的军队在秦始皇的统治之下，上升到前所未有的强大程度，首先秦始皇在处理完国家内部事情以后，看准时机号令三军，发动了一场前所未有的大规模战争——征服六国。此次大规模的战争，秦朝只用了九年的时间就统一了天下，可想而知秦朝的军事战斗力非同小可。

那么，秦国的新军是如何从无到有，从有到战斗力超群的呢？

我总结了一下，秦国在打造这支新团队的过程中，有三点是可以学习的：

1. 找到靠谱的团队总指挥官，给予信任和授权。

2. 大胆用人，建立干部梯队。

3. 发掘个体成员的才干，因材施用，发挥特长。

这三点放在任何团队的打造上，都是很合适的。

我就曾以这样的规则，打造过一支战斗力非常强的婚礼团队。熟悉我的朋友都知道，我在当老师期间，兼职做了当地最大一家宾馆的婚礼司仪，当时跟我搭档的还有一个琴师，一个女歌手。他们在各自的专业领域内，都算是水准顶尖的人才。我们三个人的活几乎不断，口碑也很好，但一直都属于游兵散将作战的状态。

我就想,既然大家都是业务能力顶尖的人才,彼此也很熟悉默契了，为什么不联合起来，打造一支属于自己的团队，专门做定位高端的婚礼呢？于是，我把他们两个凑在一起，将自己的想法完整地讲出来：

现在整个市场比较乱，我们接的活儿虽然多，但是赚钱并不多，因为中间成本高,大家忙累得很,却没有很好的上升空间。我有个想法，就是组建一个稳定的团队，通过提高服务体验感，然后将定价提高到之前的两倍。我接的所有业务，都由我们三个一起完成。高价位的服务，虽然业务量可能会减少，但是我们的收入并不会少，甚至可能更多，而且也没这么累。

当我说完这番话,他们两个立马就拍手称好。因为合作了这么多年，我们相互都认识了解，已经有了很好的信任与默契。就这样，一个黄金三角的婚礼团队正式成立了。

我们配置了最好的音响设备，给酒店人员统一培训，做高端的私人婚礼定制，很快有了名声。虽然价格比其他公司高出很多，但找我们的人却越来越多，甚至有的新人，为了能请到我们团队，特意将婚礼日期改了，以适应我们的工作档期。

当然，我最初想少干活的初衷没实现，因为活儿越来越多了！

职场上，没有一个人可以永远单打独斗，尤其是这个全球经济新时代，人与人之间的协作愈加紧密，一项工作往往需要团队成员协作配合才能完成。

身为团队的领导，组建一支可以“打胜仗”的队伍可以说是最重要的任务。管理者还需要给队伍营造一个能使其配合紧密、默契作战的好“战场”，才可以把团队作用发挥到最大。但实际上，现实中仍有许多团队并没有很好地运用协作的力量，甚至各自为阵。

比如服务于地产企业的动画制作公司，市场销售员需要前期文案策划部和后期动画制作部的密切配合才可能跟客户达成合作。但有些公司并没有团队意识，让各部门员工单兵作战，年底时计算团队业绩时，也只是把所有人的业绩做个简单的加法，结果并不会理想。

实际上我们完全可以转换思维，比如让一部分人专门收集市场信息，一部分人负责维护客户关系，一部分人研发新产品，一部分人挖掘市场新需求……

真正意义上的团队在面对一个订单时，多个成员之间会互相配合协作，把完美的产品或服务呈现给客户。就像我前面提到的婚礼团队，我是司仪，负责整个团队的业务洽谈和主持，琴师负责整个会场的音乐、布置，歌手负责互动和助兴，而且彼此之间还能互补配合，一起把这个事情做好。这就是团队的力量，让每一个人都有发挥空间。

怎么组建一支可以“打胜仗”的团队，我总结出以下几个要点，大家可以试着运用到团队管理中去，不要小看这些，它的效果非常显著。

1. 学会说和问

让每个团队成员都有机会发表自己的观点，并且引导他们说明自己持有这种观点的原因。因为每个人的学识、阅历都不同，这就决定了他们看到的世界具有差异化。

同时，当你遇到自己并不赞同的观点时，不要急着打断或者否定别人，要学会发问，用真诚的语气、探讨的方式和他们沟通，你可能会看到与之前完全不同的视角，就像整个团队都是你的眼睛，你能看到一个更真实立体且多维的世界。

2. 乐于分享信息

团队成员之间最忌讳信息不透明、不流畅。因为决策往往建立在团队成员对信息充分了解的基础之上，比如客户已经改变了自己的需求，市场部却没有准确、及时地传达给设计部，那么设计部的工作相当于白费，大家难免产生抱怨情绪。

学会分享所有与我们当下工作相关的信息，可以帮助团队其他成员更丰富、更立体地看到需要解决的问题，这样提出的解决策略也更合适。

我曾经帮一对从日本留学回来的姐妹策划婚礼，她们真的非常特别，两姐妹嫁给了一对兄弟，婚礼定在同一天。在筹办婚礼前，我跟她们洽谈具体细节。我因为平时喜欢运动，所以当天穿得就很休闲。当时客人就有些担心，她说你今天穿得这么随便，主持婚礼的时候没问题吧？

我当时非常羞愧，连忙鞠躬说，对不起，这是我的错，我忽略了这个细节。不过您放心，我们正式日子的时候，穿得都很讲究，每一个小的细节方面都会注意的。

这位客户也给我提了个醒，她们长期生活在日本，是非常注重礼仪的。那我在了解这些信息的时候，就应该针对不同的人，用不同的洽谈策略，而这些也是需要我跟团队成员分享和强调的。至今我都非常感谢这位客户，当时给我的建议和警醒。

3. 明确会议主题

一说到开会，很多人都会头疼，因为有时候会议进行到一半了，你会发现它其实是无效的，简直就是浪费时间。

有一次我和我们护肤品团队的成员讨论产品体验感的问题，大家议论了半天，发现各自讲的根本就不是一回事。其中最主要的原因就是会议前没有明确会议主题。销售部收到的客户反馈是产品体验感有需要改进的地方，这是一个笼统的概念。其直接后果就是产品部的以为是瓶装设计不太方便，设计部认为是护肤品本身的气味不够理想，甚至怀疑是销售场景环境不好造成的体验感不佳，这就导致我们开会很久都没有得到一个结论。假如我们在会议前就明确了主题，确定了重要关键词，这样的局面就不会出现了。

4. 不要急着做结论

开会时经常会出现这样一个情况，就是当某个人说出自己的想法后，立马就有人针对他的话作出进行评判，立刻得出对或错的结论。

这看似是一种高效的方法，但是在面临一些比较复杂的问题时，往往会适得其反。

正确的做法是，先别急着做结论，先向对方提问，再次确认发言者观点的所有要素，双方理解达成一致后，再发表自己的看法。如果我们仅仅凭借自己的理解，就贸然插入自己的观点，很有可能会激发对方的抵触心理，造成不必要的误解。

5. 关注共同利益

在一个团队中，立场可能不同，但利益往往是一致的。

比如我们的客户提出新的需求，研发部人员据此修改了产品设计，但需要生产部配合测试，以检验新产品能否达到客户的修改要求。生产部的人却质疑做这件事的必要性，他认为产品完全是按照客户要求设计的，这种生产测试就是浪费材料。

在这个例子中，设计部跟生产部的利益其实是一致的，都是为了满足客户的需求，但两者角色不同、角度不同再加上信息也不对等，就会形成基于自身利益考量的不同立场。我们不能简单地得出结论，谁的合作态度有问题、谁的沟通能力有问题，而是要认真地观察双方立场背后的利益诉求是什么。只要在利益诉求上达成共识，各自的立场将不再那么重要，否则利益诉求没有得到满足的一方，在未来执行过程中仍会消极应对。

好的使命，一定是利他的

处于困境当中的人，往往只关心自己的问题，但是解决问题的途径通常在于，你如何解决别人的问题。因为帮助他人并不是自我牺牲，而是自我实现。

曾经看过这样一个故事。

在一场激烈的战斗中，上尉忽然发现一架敌机向阵地俯冲下来。按照常理，发现敌机俯冲时要毫不犹豫地卧倒。可这个上尉并没有立刻卧倒，因为他发现离他四五米远处有一个小战士还站在哪儿。他顾不上多想，一个鱼跃飞身将小战士紧紧地压在了身下。此时一声巨响，飞溅起来的泥土纷纷落在他们的身上。上尉拍拍身上的尘土，回头一看，顿时惊呆了：刚才自己所处的那个位置被炸成了一个大坑。一个利他的举动，最终利己。这个善念拯救了上尉的生命。当你用真诚善良的心去帮助更多的人，你的路就会越走越宽广。

我做黄金早课已经很多年了，一直都是免费的公益形式。最初做这个群，我并没有想过要从中获取什么收益。因为这些年我一直保持健身的习惯，偶尔也会在朋友圈发一些动态，于是总有人问我，正心老师你怎么训练的呀？饮食要怎么搭配？于是我就琢磨，为什么不建一个群，统一为这些朋友们解答疑惑呢？

于是就有了这个黄金早课的雏形。一开始我讲的都是健身方面的，后面慢慢扩展，会跟大家分享一些关于健康、睡眠、心理等方面的经验。

我每天讲课的时间，都是早上 5 点钟。原本我只是抱着好玩分享的心态，可是听的群友们越来越喜欢，每天都会期待我的早课。我就不得不坚持下去，结果养成了我早起锻炼、工作的好习惯。后来我开始做付费课程，但是我很少宣传，因为招生从来都不是问题，黄金早课这些群里面，都是忠实度非常高的学员们。

我最初做这个事，好像是为了别人，结果全都回报到自己的身上了。这个就是利他的最高境界，当你真心为了别人去做事的时候，好的反馈最终会回到我们自己身上。

在创建我们自己的护肤品牌的时候，我也是坚持这个“利他”原则。当时我跟自己的几个合作伙伴提出了这样几条原则：

第一，只要是公司产品，大家可以随便到任何权威检测平台，有质量问题奖励 100 万元，这是第一个公开承诺；

第二，公开承诺，就是三个月之内无条件退换货，秒退不扣手续费。很多代理商最怕的就是，凭着一股热情囤货，结果后面发现自己根本不适合做销售。怎么办？我们不问原因，随时给他们办理退货手续。

第三，如果有人退款，公司股东及所有工作人员，必须双倍热情招待，并且诚恳请求对方给予意见，听听他退货的原因，如果有改进的空间，我们就积极改善，力图给客户创造更多的价值。

因为坚持这样的利他思维，我们发展一直都很扎实。今年的疫情虽然严重，但是两个公司都没受影响，这与我们的企业使命定位不无关系，那就是：善念利他，有始有终，志同道合，有情有义。

这 16 个字，一直挂在我们的办公室，时刻提醒着每一位员工。人都是自私的，要牺牲眼前到手的利益，去换取未来更长远的利益，这种抉择往往极为痛苦。因为眼前的利益，所有人都看得到，长远的利益却很难看到。我们能抑制多少利己心，就会相应地有多少利他心呈现出来。关爱他人的利他之心，即便我们努力发扬，也往往很难做到。但是，只要抑制利己之心，利他之心就会自然而然地呈现出来。

想要长期利益，首先要放弃眼前利益。

想要收获价值，首先要学会创造价值。

想要速成捷径，首先要放弃速成捷径。

想要赚取财富，首先要能够舍得分钱。

不短视，不投机，不犹豫。

最好的使命，都是极致利他者。

练习 1：跟身体链接，让直觉告诉你如何成功

所有的情绪都是我们内在需求外放的一种表达。身体知道而我们却不知道。这些长时间未能被看见、未被满足的需求被压抑、深埋在身体里，并不会轻意消失。积聚多了，就如一座活火山，终有一天喷涌而出。如果我们能链接到身体，用身体的言语将内在的情绪表达出来，情绪就会变成一个可以感受、描述、表达的实物，对我们的影响也不再是无边无际了。

事实上，我们每个人都可以通过具象化练习，与自己的身体链接起来，将所有隐匿在身体内的情绪、需求释放出来。

你可以找一块瑜伽垫，放上一些轻松愉快的音乐。躺下，或者坐着，用心感受自己的身体。一开始做这个练习时，闭上眼睛比较有帮助，当你发现，自己的意念“停留在身体之中”已经变得自然而轻松，就不需闭眼了。

接着，把你的注意力导向身体，从内在去感受它。你的身体是活生生的吗？你的双手、双臂、两条腿、两只脚，以及腹部和胸腔之中，是否有生命？你能否感受到一种微妙的能量遍布全身，并且把鲜活的生命力带到每个器官、每个细胞之中？你能否同时在身体的所有部分感受到它？

花几分钟关注你内在身体的感受。

不要思考它，只要感觉。你越是关注这种感受，它就会变得更清晰、更强烈。每个细胞感觉上都变得更有活力，而如果你想象能力很强，也许还会看到你整个身体变得透明光亮。十到十五分钟的时间就已足够。

注意，这个过程中，要确定不会有任何让你分心的外在事物，例如电话铃声或其他人的干扰。可以坐在椅子上，但不要往后靠，而是让脊柱挺直，这样可以帮助你保持警觉。或者，你也可以选择自己最喜欢的放松姿势。

确认身体非常放松。做几次深呼吸，感觉自己吸气到下腹部。观察你的下腹部是如何随着一呼一吸而微微地扩张和紧缩。然后觉察整个身体的内在能量——不是去想，而是去感觉。然后，把你的注意力更深地带入那个感受之中，与它合一。介于观者与被观者，你和你的身体之间的二元对立就不存在了。

假如此刻你觉得舒服，在这个纯粹本体的范畴中停留越久越好。然后再把觉知带回你的身体、你的呼吸，慢慢张开眼睛，花几分钟用冥想的方式环顾四周。去用心感知你的身体。它是深沉寂静和平的场域，却也充满喜悦和强烈的活力。

第二章 财富

如何挖掘属于自己的那桶黄金

与金钱的关系中，你是被耗尽了还是被滋养了？

我爸常年做着一项不赚钱的生意，就是做豆腐。当时我家养着一头小毛驴，后来换成了电磨，专门用来磨豆腐。村里每家每户都会把黄豆给到我家，我们做成豆腐再给他们。每天凌晨两点左右，父母就会起床开始磨豆子，他们要赶在天亮前把豆腐做好。这个活儿其实非常辛苦，但是爸妈从来不收钱，也不吆喝叫卖，简单说就是用豆子换豆腐。

我家唯一得到的，就是那些制作过程中产生的豆腐渣，可以用来当猪饲料。做豆腐不挣钱，但是养猪能挣钱，等于爸爸靠自己的劳力节省了一大笔饲料成本费。

说来也很神奇，我们家经济一直都不太宽裕，但是我从来没有产生过贫穷的感觉，父母也不会在我们前面表现或者传递出缺钱的焦虑来。这让我跟金钱的关系，从一开始就打下了很好的基础。

我们与金钱的关系，其实取决于与父母的关系模式。父母象征着安全感、物质保障。如果与父母关系不好，那一个人赚很多钱可能也没有安全感，并不能享受赚来的钱。想要获得好的金钱关系，最重要的就是梳理好自己与父母的关系。

在我幼年时期，我得到的父母之爱是非常多的，他们没有让我受到过因为生活穷苦而产生的苦涩和悲痛，反而是在一种相对富足的状态下成长。我成年后也并不会把金钱看得特别重要，如果能用金钱换来亲人的开心，我就觉得非常值得。比如时不时给父母买新衣服，给他们零花钱，带他们出去转转，虽然当时我经济并不宽裕，但是做这些却让我内心富足而快乐。

记得当时我做婚礼主持的时候，我们在商谈合作前，都会在具体数额、相关利益方面谈得清清楚楚，但是一旦进入到真正的合作流程后，我就完全不是看钱做事了，而是真正地全情投入。我的几个合作搭档也是，我们把做成这一件事，让客户收获一个幸福快乐难忘的婚礼当成了最首要的目标，钱反而是最不重要的。

恰恰是这种态度，让我们收获了更多的机会，挣的钱也越来越多。可是很多人却本末倒置了，因为金钱产生焦虑，因此进入一个恶性循环。比如你想要挣更多的钱，却总是挫败；越没钱，就越想省钱，内心反而制造出更大的匮乏感，就像巨大的黑洞吞噬了你的创造力、冒险精神和活力，又或者你已经拥有了不少财富，却没有活出自己想要的生活，反而压抑不堪……

每个人都渴望实现财富自由。但是，内心深处不正确的财富观，却往往阻碍我们得到它。你的财富观，是在阻碍你拥抱财富和自由，还是帮助你获得财富和自由？在与金钱的关系中，你是被耗尽了还是被滋养了？

在回答这个问题之前，我给大家做一个假设。

试想，如果你中了头奖，拿到500万元，你最想做的一件事是什么？

是尽快把它花出去，做自己喜欢的事，还是去投资赚更多的钱，以求更大的安全感？

其实，这件事，就隐含了你的金钱态度，而你对金钱的态度，就决定了你和金钱的关系。有的人并没有深厚的家底，却觉得他从来不缺钱；有的人劳碌一生，却得不到匹配的财富，成了“穷忙族”；难道真的是有的人注定命里带钱，而有的人注定漏财吗？其实并不是这样。人和人的关系可以改变，人和钱的关系，也是可以改变的。真正财富自由的人，都和钱有着更顺畅的关系。

问问自己，你对金钱态度是什么？

我们的生活离不开钱，但是如果处理不好钱跟生活的主次关系，我们就可能陷入糟糕的境地中。就像名著《茶花女》中所说：钱是仆人时，它会是个好仆人，但钱是主人时，它就是个坏主人。

那么钱在你生活中扮演的是仆人还是主人的角色呢？你不妨问问自己：钱对你来说意味着什么？你恐惧失去钱吗？你有多想成为有钱人？

很多人都不会羞于承认自己对钱的渴望，这不是坏事，但我们忽视了一个点，只有先处理好自己跟钱的关系，你才可能拥有更多的金钱。一个正确认识金钱的人，才有可能吸引更多的财富；这种“正确”建立在“敢于接受金钱，坦然失去金钱”的基础上 。

同时我们要清醒地知道，钱并不是带你获得幸福的关键。

我有个男性朋友，他固执地认为当年女友狠心抛弃他的原因是嫌他太穷，全然忘记了两人毕业后也过了两年苦巴巴的同居日子。后来他发愤图强，倒是挣了很多钱，可当年的女友却告诉他，比起金钱，他狭隘的心胸和见识才是她离开的真正原因。可是这位男性朋友呢，并没有听进去这个话，反而认为是自己拥有的钱还不够多，陷入要挣更多钱来让前女友后悔的死循环中。

这样的人并不少，他们从来不懂得反思自己的问题，反而将所有困境都归结到自己不够有钱上,以为挣到足够多的钱,就能获得幸福了。

但实际上，金钱自由了，我们就真的自由了吗?

并不会。我们经常说等足够有钱了，就可以随心所欲地去做我们想做的事情了，但你想想那些你真正想做的事情，其实很多当下就可以去行动。

太多人被这个假象蒙蔽了双眼，就好像一个人本来是为了看日出而上路，但他只顾埋头赶路，完全忽视了一路上日出日落的美，忘了自己上路的初衷，这是一件多可惜的事啊。

金钱自由了，我们就自由了?

我们追求财富自由的真正目的到底是什么？其实无非是为了想要自由。我们认为：财富自由了，我们就可以毫无牵挂地去做自己想做的任何事情，或者不去做任何事情。其实这还不够，财富自由，并不代表真正自由。

现实当中我们看到的真实情况就像我这个男性朋友一样：他们并不会反思自己没办法获得快乐幸福的真正原因，也认识不到这是自身修养和思想境界不够造成的，而是将全部精力投入到挣钱这件事上，成为钱的奴隶。

巴尔扎克在《守财奴》中就写到，吝啬鬼欧也妮·葛朗台拥有很多钱，他最大的快乐就是一点点清点自己所拥有的财富，但这些财富并没有带给他任何好处，他舍不得吃、舍不得穿、舍不得用，甚至因为吝啬而亏待自己唯一的女儿，阻碍她获得幸福。这个拥有巨大财富的人，最终失去了健康、快乐、亲情，甚至自己的生命，那么金钱对他来说有任何意义吗？

现实中的“葛朗台”并不在少数。没有几个人通过财富的积累获得了自由。我们看到的往往是人们为了实现财富自由，让自己陷入更加不自由的境地。

为了未来的自由，必须牺牲当下？

如果你认为未来的自由必须用当下的自由去交换，那你对自由一定是有极大的误解。因为真正的自由，就在一个个当下中。

就像有些人为了挣钱，缺席了孩子成长过程中的关键节点，日后才发现，花多少钱也买不回那些过去的时光了。更有一些人，为了挣钱，牺牲掉自己的身体健康，对此我就深有感触。

几年前我的事业受到了很大的挫折，很多合作伙伴都退出了，当时除了负债，我几乎一无所有。更糟糕的是，当时我的健康也出现了极大的问题，我的膝盖疼痛加剧，医生甚至建议我做手术。

在那之后，我决定停下来，反思自己这些年到底在追求什么，当我躺在海南的某片沙滩上，看着蓝天白云，感受时间缓缓流逝时，我反而看到了解脱的自由。从那一刻起，盘绕在我心头的不再是创业、项目、赚钱、事业等，而是更多地围绕着心灵成长展开。

我经历过这一番起落，终于看清了一个事实：事业的成功与做人的成功并不是一回事，如果心灵是被禁锢的，再大的事业也带不来幸福感。要想获得真正的自由，必须从心灵的自由下手。什么也没有了，反而得到了难得的自由，只有活在当下，才能感受到真实的生活。

活在当下，就是活在自由之中。自由，只存在于当下。

你的匮乏从来不是因为物质缺少

很多人觉得，自己的窘迫、匮乏，是因为物质上的贫瘠，但是你仔细回想一下自己过去的人生中，最快乐的时候真的是你最有钱的时候吗？我相信很多人心里已经有了答案。

汲汲于物质追求，才是我们匮乏感产生的真正原因。我幼年时候家境算不上很好的，物质条件更没办法跟现在相比，但是不管条件如何，我母亲都会用心在过年过节时候为她的孩子们做上可口的饭菜和点心，让整个家都充满快乐。那个时候的我，从来不觉得自己物质匮乏。因为，我的母亲有一颗丰盛的心灵，并且将它作为财富，给到了自己的孩子们。

真正的财富自由，源自心灵和财富的双重自由

追求金钱，只是我们为了获取真正自由的一种手段，它并不是终极目的，因为只有在获得金钱和心灵的双重自由后，我们才可以称得上财富自由。

假如你认为只有获得更多的物质才能自由时，你就陷入了永远不可能自由的陷阱中，因为你会害怕失去已经获得的物质，你会害怕没办法继续获得物质，这种的情况下，即使你拥有再多的物质，你也没办法真正自由。因为你的整个身心灵，都被物质所绑架了，更别提自由了。

真正的心灵自由，跟你拥有多少物质财富没有任何关系。一个心灵自由的人，是不会在意财富得失的。很多人为了追求心灵自由，就努力挣钱，以为挣到钱了就能心灵自由了，实际上反而被那些钱绑得死死的，变得更加不自由了。这就像一个人本来要去北极，却转头往南极跑，与自己的目的地背道而驰，只能越奔越远。

做舞台的设计者，让每个人有机会展示

学者许倬云讲过一段话：山谷里面花开花落，没有人看见它，那花白开白落了，因为它不在我们理解的世界里面。许多人觉得自己是小人物，是没有属于自己的舞台的。

我们大部分人其实都是普通人。过去我一直把自己当成一个演员，不停地寻找适合自己的舞台，寻找机会表现自己，但是实际上适合自己的舞台却并不多，甚至大部分时候，我们都是为他人作嫁衣，根本没机会上台。

与其做一个被动的寻觅者，不如做一个主动的设计者

如果你的人生是由自己设计的，它会充满趣味性；如果你的人生是被推着往前走的，你会举步维艰。正是这样的思维转变，让我的人生也开始发生变化。

到了 2017 年，我突然发现我不仅仅是个演员，我还是个导演；我不仅是个导演，我还是个编剧。再后来我发现自己是整个事情的设计者。我不仅是自己人生的设计师，我还是身边一切事情的设计师。

2018 年，我开始着手打造自己的公司和品牌，目的只有一个，让更多的人在这个人生的舞台上展现自己的风采。

正是这样的初衷，让越来越多的人加入到我的团队中。我发现我

的角色、圈子、与人的关系也开始发生变化。

过去我是一个老师，我的工作就是不停地讲课，所谓传道授业解惑也。但是现在我不仅仅是一个老师，我还是一个导演，一个舞台的塑造者，一个总设计师。我能让身边每一个人都能发挥自己的特长，比如种植的、比如生产加工的、比如产品发行的等，他们都能在我这个舞台上找到机会发光发亮。

这就是思维转变带来的变化，如果我固守原来的模式，认为自己已经老啦，找个平台靠一下吧，那我就只能是个演员，而且是一个正在老去的演员，而今天，我成了整个舞台的缔造者，我能给自己和别人都带来机会。

不要代替别人做事

作为一个舞台的塑造者和总设计师，我们的主要任务是做好决策，把握好做什么、哪里做、何时做、谁来做，想办法找正确的人做正确的事，激励团队的人去做，而不是代替他们去做。

这样的角色，就像是一个坐在帐篷里运筹谋划的将军，而团队成员则好比是上阵冲杀的士兵，管理者替下属做事好比统帅跑出军营跨上战马披起盔甲代替士兵去上阵冲杀。

在很多组织里面，常常有这种管理者：他们事必躬亲、大包大揽，属于将军的事他干了，属于士兵的事他也干了，吃苦受累、任劳任怨，但居然听不到下属的一句好话，净是不绝于耳的指责与埋怨。

对这种管理者，可以用一句话概括：吃力不讨好！

吃力不讨好也就罢了，更严重的是，这种事必躬亲的管理者的所作所为，对组织却是有害无利。因为他的大包大揽，下属索性站在旁边什么也不干，助长了懒惰之风，使生产和工作效率大大降低。并且，一个人包打天下，顾此失彼，一个不小心就会使组织陷入危险的旋涡，无法自拔。

我有个朋友，他的工作能力跟他的性格非常像，都很强很出色的，深受领导的喜欢，年纪轻轻就被提拔到了重要部门的重要职位。他的下属工作能力也都非常突出，身手不凡。不过，有一段时间他的工作却有点不顺，状况不断，领导也找他谈了几次话，这让他很苦恼。他摇着头对我说，自己团队的一帮人越来越笨了，尽管自己什么事都给他们安排好了，甚至每个细节都替他们想到了，但他们就是做不好。

我这个朋友犯了一个最愚笨的错误，就是过于强调自我权威和能力，时间长了，让团队成员产生不信任感和依赖感，从而什么事都按照他的要求去做，这样即使是做错了，也不是自己的责任。

长此以往，团队的战斗力肯定是越来越弱。对于一个团队，关键是要发挥所有人的才能；作为负责人，主要工作是安排、指导和协调，掌握整体情况，帮助别人解决难题，千万不要把自己的思路强加给他人。

我们每个人都有自己处理事务的方式，特别是在竞争激烈的社会中。大家都会想方设法尽力做好本职工作，以体现自身价值，获得更多的上升空间，这是应该鼓励的，而且动态的事情总是在不断地发生变化，这就要随机应变，灵活处理，如果什么事情都按照负责人的方式去处理，往往得不到好结果。

做一个聪明的管理者

聪明的管理者，会给别人充分表现的机会，发挥他们最大的潜能，让他们在实现自身价值的同时，有自豪感和成就感，对前途也有了更高的期望。即使下属出了一点儿小差错，也不会过分地指责，而是耐心地帮其分析原因，同时承担责任。这样，下属在以后的工作中会不断审视自己，从而更加努力。

聪明的管理者有时还会故意提出错误的想法，然后虚心征求下属的意见，并对好的建议予以采纳，增强他们的信心，把自己融入他们之中，尽量缩小彼此之间的距离，这样更便于开展工作，从而也使自己的工作取得更好的成绩。

给别人表现的机会，就是给别人发展的空间，同时也给自己创造了更大的发展空间。聪明的管理者最主要的任务是去展望未来——而这种事情往往是不能授权给别人的。管理者的任务不是忙于监督那些日常工作，更不是亲自去做那些琐事。放权的重要性或许就在于，必须集中精力去思考那些只能由自己去做的事情！管理者应重点思考企业的大问题和未来的方向，并提出必须优先考虑的事项，制定并坚持标准。

要明白，我们不可能控制一切；你可以协助寻找答案，但本身并不能提供一切答案；你参与解决问题，但不要以自己为中心；你运用权力，但不掌握一切；你负起责任，但并不以盯人的方式来管理下属。你必须使下属觉得跟你一样有责任关注事情的进展。把管理当作责任而不是地位和特权才是管理者能够进行真正的、有效授权的基本保证。

假如你是一个凡事都要亲自过问的领导者，不妨听听下面几点建议：

1. 相信别人。

比如在一个项目中，你已经明确安排好谁负责什么事，那接下来就充分信任你的员工，大胆放手让他们做，不要坐在旁边指手画脚教他们，也许你是出于一番好意，但员工却会认为你对他们不够信任，甚至产生反感情绪。

所以，当遇到这种情况时，请停下自己的亲力亲为，打仗的将军只有站得更高更远，才能看清局势，而不是加入混战，事事操心。

假如你实在忍不住想插手，不妨问问自己："真的必须行动，不能再等等吗？""你确定自己掌握了所有情况吗？"如果你觉得插手这项事务的时机还不成熟或者目前还没有必要亲自做出决定，那不妨保持沉默。在大多数情况下，你的下属们多半会主动发现漏洞并弥补。这个时候你会发现，假如你贸然插手，很可能让事情变得更糟。

2. 适当放权。

我就遇到过这样的企业主，大到市场重要决策，小到公司宣传手册用什么材质，都要自己做主。于是他每天上班时候，都有下属过来请示无数大小事，根本没办法集中精力处理一些重要的事情。其实他完全可以通过放权给下属的方式，让自己从繁杂的琐事中解脱出来，只有这样他才能更好地判断整个公司的发展走向。说到底，管理的实质就是通过其他人去完成任务。

放权给下属，意味着你可以从琐事中解脱出来，集中精力在管理决策、经营发展等重大问题上作出思考和判断。而你的下属在你放权后也可以得到更多锻炼的机会，进而成长为能独当一面的人才。

3. 明确放权范围。

现在你已经很清楚事事亲为的坏处，那接下来就要明确你可以放权的范围，换句话说，就是明确究竟哪些事务不必你亲自去做。每个企业的实际情况不一样，所以放权的范围也不同，但是这里面还是有规律可循的。

放权时候，主要考虑以下因素：

第一，重要性。假如某个决定或责任非常重要，对整个团队或企业影响重大，那这种事多半不能放权给下属。

第二，复杂性。一个任务越复杂，管理者就越难作出决策。尤其是这个任务如果对专业度要求很高，就更应该让术业有专攻的人做，而不是管理者本人。

第三，企业氛围。氛围良好的企业，管理层往往对下属十分信任，那么就可能会出现较高程度的放权。有些企业，上级不相信下属的能力，放权就会变得十分勉强。

第四，因材而定。是否信任下属是一回事，下属能否胜任这项工作又是另外一回事，这可以说是放权当中最重要的因素。如果下属缺乏某项工作的必要能力，则管理者在放权时就要慎重。

一名经常打胜仗的将军，绝对会简单化自己的管理，适当放权给下属，各司其职，做他们能胜任的工作，这样他才能有更多的时间对更重要的事情做判断，同时给到士兵们足够的成长空间。

学会链接

从一个寻找机会、依靠舞台的人到如今舞台的创造者，这个过程中我发生了很大的变化，也许我的这一段经历也能让你对自己有个新的认知。当我们对自己的认知和定位发生转变，也许你就是未来那个总体的布局者。

把舞台造得更大，是让每一个人有机会展示自己。但是这一切的前提是你需要清楚自己到底想要什么，需要一个怎样的舞台。以往我是到处找舞台，后来我发现找到的那些舞台的配置跟我需要的是不一样的，所以我才有了后面一系列的行动，这也是我一直以来努力的动力。

人们经常会说，要努力、刻苦，这样在机会来临的时候才能够抓住机会。但现在这个时代，社会发展迅速，仅仅只是“守株待兔”一般去等待机会，已经远远不够了。只有主动创造机会，才更容易把握先机，得到更多的机会。这个机会就是我们布局设计自己人生的开始。

而在这之前，你不妨提升自己相关领域知识和技能，打造坚实的基础。因为有了好的机会，但没有相匹配的实力也毫无意义。所以创造机会最重要的一点还是需要提升自己的能力、专业技术等。

打铁还需自身硬，与其抱怨落在牛顿头上的苹果没有落在自己头上，不如问问自己有没有牛顿那样扎实的知识储备。如果没有的话，你能得到的也仅仅是一个熟透了的苹果。

对生命发生的一切说“是”，获得真正的满足

抓住时机，才有转机

我当老师的那几年，其实收入很低，一年算下来也才一千元左右，所以主要的收入还是指望着地里头的收成。1991 年的时候，发了一场大洪水，整个村里汪洋一片，河面上飘着上游村的家禽、庄稼之类，水性好的人便跳进水里将它们捞起来。

可想而知，当年的收成肯定要遭殃了。当时正是暑假，玉米苗刚刚抽出穗子来，眼看着就要成熟了，全部被洪水冲毁了。这个时节，再种庄稼已经来不及了，很多人都眼睁睁看着，着急上火却无能为力。

我们家的地就在河边上，洪水退后，地里面结了一层厚厚的淤泥，这个季节本来应该种植大白菜的，但是农具车根本进不去，也没法打垄。我想要是等过了十天半月能走车打垄，最佳种植期也该过了。我一咬牙，决定不等了。车进不去，但人可以走进去呀，即使不打垄，我也可以直接在上面种。

说干就干，我不顾别人质疑和嘲讽，把大白菜全种上了。事实证明，我这样做是对的。那一年全村就我家的大白菜丰收，因为我抓住了最佳的播种期。那一年也开启了我的一个智慧，就是做任何事情，时机尤为重要。我们种地的人管它叫节气，其实万事都是相通的，时机尤

为关键，恰恰是我抓住了那个时机，才赢来了转机。

接受现实，积极应对

农民都是靠地吃饭，有时候遇上天气灾害，一年的辛劳可能就都白费了。1992 年，我们遇到了一场大的灾害——冰雹。

那是秋天的时候，稻谷都已经成熟，金灿灿的一片，我们就等着稻子更为饱满时收割了。可就在这个时候，下了一场巨大的冰雹，田地里只剩下光秃秃的秆儿立着，稻粒被打落到地里，和着泥巴雨水混成一团，全部被毁掉了，毫无挽回的余地。黄澄澄的水稻已经丰收在望，打下来就是大米，但是如今全变成了植物的秸秆儿，瞬间一无所有。

大家心里一片苦涩，很多人悲伤地哭起来。当时我是怎么想的呢，这一切已经发生了，这是无可挽回的事实，我只能想着接下来该怎么办。今年水稻绝产了，大家都没有米吃啊，那明年的水稻需求量一定会增加，稻秧的需求也是激增的。我何不为明年的春天做准备呢？

于是我将自己家两个菜园子改造成大棚，准备好所有的物资，第二年春天，我用了 21 天就培育出优质的秧苗来。果然很多家村民秧苗是不够的，他们都找我购买稻秧，光是这个收入就远远超过了我做老师的工资。待秧苗处理完之后，我又种上了容易生长的菠菜，在大家青黄不接的时候，立马就成了抢手货。多余的蔬菜我拉到学校，很快就卖完了。

连续两年的自然灾害，表面上看是个坏事儿，但任何事情都有两面性，就看我们怎么去看待它们。如果我们愿意深入挖掘的话，一定能找到生机。逆境更能唤醒自己的内心，我的经济头脑恰恰就是那个年代被唤醒的。

西方有句谚语说：不要为打翻的牛奶哭泣。人生的烦忧与喜乐，不在于这一生中碰到了多少事，而在于你看开了多少事。这一生当中我们会遇到很多意想不到的事情，认账就了账，当我们认账那一刻，你会发现所有发生的事情都是奖励、礼物和恩典。

在你的生命里是否有这样的礼物和恩典呢？你愿意打开吗？如果你愿意向内挖掘，就会更有力量。

曾经看到过这一样一个小视频，有位外卖小哥和骑摩托车的大叔撞上了，车上满箱的啤酒瞬间碎了一地。两个人没有互相埋怨，也没有争执，反而蹲在路边，捡起还剩一半的啤酒喝了起来。有些事发生了，你怨或不怨，也无力改变，你愁与不愁，时间也不能回头。与其互相争吵埋怨，还不如坐下来和解。

我们这一生会失去许多东西，如果总执迷于无可挽回的事情，最后痛苦的还是自己。成长，本身就是一个学会接受失去的过程，只有“不为打翻的牛奶哭泣”，才能迎来柳暗花明。

被称为世界剧坛女王的拉莎·贝纳尔在一次横渡大西洋途中，突遇风暴，不幸从甲板上滚落，足部受了重伤。当她被推进手术室，面临锯腿的厄运时，突然念起自己所演过的一段台词。记者们以为她是为了缓和一下自己的紧张情绪，可她说：“不是，我是为了给医生和护士们打气。你瞧，他们不是太正儿八经的了吗？”

完全接受已经发生的事这是克服不幸的第一步。有没有第二步？答案是肯定的，有。

拉莎手术圆满成功后，她虽然不能再演戏了，但她还能讲演。她的讲演，使她的戏迷再次为她鼓掌。拉莎·贝纳尔在面对无法抗拒的灾难时，能跳出抱怨的圈子，跨上一个新的里程，这就是她的情绪转换器在起作用。

任何人遇上灾难，情绪都会受到影响，这时一定要充分利用好情绪的转换器。面对无法改变的不幸或无能为力的事，就抬起头来告诉自己：这没有什么了不起，它不可能打败我。情绪是可以调适的，只要你充分利用好情绪的转换器随时提醒自己、鼓励自己，你就能让自己常常有好情绪。

要么就改变它，要么就安静地接受它

学会接受，才能改变，这句话不仅仅是教导我们去放弃已经无法挽回的东西，更是教导我们可以改变心情，让我们的人生拥有一个乐观的心态。当你能够主宰自己的情绪时，你就开始主宰了自己的人生。

当我们遇到问题时，不妨问问自己：在生活中，你能够抵御消极情绪的困扰吗？你能够把自己的感情引上正确的方向吗？你能正确地对待不幸和挫折吗？你能够对自己的行为真正负起责任吗？你对自己的前途还抱有充足的信心吗？如何让自己在环境面前泰然处之？如何让自己有勇气接受命运的挑战？这些都是有关如何看待自身，如何看待环境的重要问题。

人们习惯于把自己的不幸归咎于外界的环境，抱怨现实的冷酷和命运的不公。殊不知，我们生活在这个世界上，个人在现实与命运面前显得十分渺小，我们能够改变环境的机会并不多。我们能够把握的是我们自己，只要我们努力，就能够让自己树立积极的人生态度，保持健康的心理状态。只有认清了自我，才能消除头脑中那些你不自觉的非理性观念，摆脱消极心理状态的困扰。

要知道，得到快乐与幸福并不是一件可望而不可即的，心理健康应该是人的自然状态，它应该属于我们每一个人。每个人都拥有惊人的潜能，逆境时，不要认为自己做不到而放弃努力。

快乐的人生需要通过深入的思考，树立积极的人生态度，用自信与幽默协调自身与外界环境的关系。对于过去的沉湎和对未来的盲目担忧都没有任何意义，只有现在才是最重要的，把握了现在，也就把握了未来、把握了人生。当你为错过太阳而哭泣时，你也将错过星星和月亮。

寻找事物的积极面

每件事都有正反两面，因此当人们面对同一件事时，往往会产生两种观点。那些看到事物积极面的人会产生积极心理，而那些只看到事物阴暗面的人则会产生消极心理。这两种心理都会对人们产生心理暗示。如果人们在面对一件事情时产生积极的心理暗示，这些心理暗示将会在不经意间对他们的思想和行为产生影响。

动物世界的纪录片中有这样一个故事，一个秋日的傍晚，一群矫健的黑斑羚伴着如血的夕阳在一片广袤的草原上悠闲地走着。然而，黑斑羚没有意识到，危险已经潜伏在它们身边：一只雄狮就埋伏在距离黑羚羊不到 100 米的草丛中紧紧地盯着它们。危险已经近在咫尺，但是黑羚羊们却似乎毫不知情。

躲在草丛中的狮子暗暗观察了一会儿，便瞄准了目标，突然它像离弦的箭一样飞奔向黑羚羊群。黑羚羊天生灵敏，它们立刻惊觉，迅速四蹄腾空，飞奔起来。然而，狮子乃兽中之王，奔跑速度绝不亚于黑斑羚。

果然，狮子与一只黑斑羚之间的距离越来越近。就在这时这只黑羚羊做出了一个出乎意料的举动：它逐渐放慢速度，蹦跳着前进，姿态优雅，宛如往常散步，甚至还时不时地转回身，看看在它身后紧追不舍的狮子。

黑斑羚从容不迫的举动，令狮子大吃一惊，随之也放慢追赶的速度，困惑不已地看着黑斑羚。这样，狮子又追赶着黑斑羚跑了约 30 米，但是黑斑羚依然慢慢地前进。黑斑羚的异常表现令狮子困惑不已，最后甚至放弃了猎杀黑斑羚的心思，悻悻地跑开了。

有幸看到这一幕的动物学家分析道："黑斑羚自知奔跑速度远逊于狮子，它故意放慢脚步，弹跳前进，而狮子却因黑斑羚的反常举动产生一种错误的心理，'它并不畏惧我，只是在与我嬉戏'。这种消极心理对狮子本身造成负面影响。于是，狮子所有的攻击心和自信心在瞬间瓦解。”

消极的心理暗示会对人们的心理乃至行为产生负面影响。因此，在工作和生活中遇到问题时，一定要用积极的心理暗示，让自己拥有面对困难、解决问题的勇气和自信，最终我们也会看到积极的心理暗示让我们取得意想不到的成果。

最强大的人脉，可能是生命中的“另类贵人”

贵人是人性纯度的一种标志

从学校辞职后，我到了七台河市创业。当时我在一所中学附近租了一个大的住宅，改造成教室，开了个家庭辅导班。辅导老师加上我一共三个，主要开设语文、数学和英语三个科目，孩子们放学跟周末的时间过来。

其他的时间干啥呢？我就还是做回自己的老本行。我找了一家私立学校应聘当语文老师，但每天的课程安排下来，时间总还是有空余的，我就琢磨招生的事儿。有一天我去到一家复印社打印宣传单，刚好看到旁边站着一位年长于我的女士，也是在打印学校宣传单。我一看是同行，就主动跟她打招呼。

谁也不会想到，当时我的这一点热情和主动，会给自己后面的人生带来如此大的改变。这位女士就是当地很有名的智慧语言学校校长，她们生源很广，但缺好老师，尤其是好的语文老师。我一听，这就是自己的强项呀，于是自告奋勇，跟她交换了联系方式。

当天晚上，我就接到了她的电话。她说回去跟另一位校长聊到了我，没想到对方居然认识我。因为这些年我做司仪在当地已经小有名气了，她们觉得我很合适，并且给出了很高的薪酬，甚至远超过我自己创办的那个家庭辅导班。

于是那段时间，我同时扮演了三个角色：家庭辅导班创办人、新华侨学校兼职语文老师、智慧语言学校的语文老师兼口才老师和作文老师。

智慧语言学校的投资人其实并不懂教育和管理，他们主要是从商的。我到了那没多久，就运用自己十几年的教学经验，让学校面貌有了很大的变化。于是短短一周内，他们将我的职位从一个兼职老师变成了智慧语言学校的校长，把整个学校的管理、课程的设计等工作都交给我来安排。

很快，这所学校的名声就传出去了，业绩非常好，各地分校也接二连三地开起来，我时常奔波各地，给分校的老师们做培训，推广自己的一整套教学方案。没多久，我们的智慧语言学校就变成了连锁学校，我是总负责人。

第二年，学校的两位投资人决定完全放手学校的管理事宜，去青岛发展他们的生意去了。有一天我接到一个电话，是其中一位投资人。他说："郑老师，我想跟你商量一件事，我跟合伙人商量好了，决定把整个学校都送给你，我们什么都不要。"

我一听就懵了，这是怎么回事？

他告知我说："从商这么多年，我们其实对教育一窍不通，现在又在外地做生意，也没有和精力去做管理，但是你可以。智慧语言学校能走到今天，基本上都是你的功劳，我们都看出来了，你根本不是用打工的心态在做事，而是把它当成自己的学校一样尽心尽力，将学校托付给你，我们都放心！”

这一切，就像做梦一样，我成了智慧语言学校的校长。

如今回想起来，所有事情的起源，是在复印社我跟那位女校长的主动交谈，如果没有那次互动，我的人生也许是另一番模样。她就是我生命中的贵人，被我的主动沟通吸引过来的贵人。

一颗种子要长成参天大树，需要适合它生存的土地、阳光、水分、空气、肥料等必要因素；一艘小船要航行万里，需要依靠河流、风向、船帆、舵手、码头等有利条件；而一个人要获得成功，除了个人努力外，更需要在关键时刻得到贵人相助。

什么是贵人？顾名思义，贵人就是指能给自己提供很大帮助的人。韩愈在名作《马说》中说：“世有伯乐，然后有千里马。千里马常有，而伯乐不常有。”这里的伯乐，就是千里马的贵人。试想，如果没有伯乐出现，千里马大概会在芸芸众“马”中碌碌无为地虚度一生。对于马来说贵人尚且如此重要，何况人乎？

许多贵人，都出奇的平凡。而平凡的我们，也随时可能成为别人生命中具有重大意义的贵人。甚至当我们成为别人的贵人时，自己都还不知道呢！

贵人有时很模糊也很神秘

传说李白起初做学问很没有耐性，直到某日，看见一位老妇，居然想将一支粗铁条磨成绣花针，才顿时醒悟，回头苦练，成为诗仙。米开朗基罗在画西斯汀教堂时，有些不满意自己的成绩，却又因为完成大半而舍不得重新画，直到有一天去喝酒，看见老板毫不犹豫地把新开的一大桶坏酒倒掉，终于下定重新画过的决心，成就了不朽的作品。

磨针的老太太、酒店的老板，可知道自己无意中的行为竟造就了别人？而他们何尝不是李白、米开朗基罗的贵人呢？

我有一位记者朋友曾经跟我说过这样一件事，有个人出门旅行，临上飞机发现酒店的服务员竟把他最重要的签证资料遗失了，他起初大发雷霆，要求赔偿损失，但是后来又跑去向酒店道谢，说犯错的服务员是他生命中的贵人。原来他没赶上的那班飞机发生了空难。

由此可知，在我们的周围，到处都可能发现自己的贵人，他们可能是直接提拔你的长者，也可能是与你毫无关系的陌生人、一面之缘的过客，甚至是你的敌人。人的一生，总会出现一些对你加以指点、扶持、提拔、抚慰、协助你渡过难关的贵人。贵人并不时时有，也并非天天出现，要把他们看作礼物、意外惊喜。

其实你我身边，除了“正路贵人”，还有不少“另类贵人”。他们有时用批评、讥刺、责问、攻击、甚至打骂的方式把你的缺点弱点展示出来，让你在人生路上少走些弯路。

我曾经跟朋友合伙开过典当行，经常出现客户还不上款的情况，就需要我出面去商谈。有个大企业贷了300万元，结果到期还不上了，我就亲自去见这位企业老板。我进门的时候，就看到那个老板将他的两只脚搁在桌上。我跟他致意，很有礼貌地介绍说：“我是郑老师。”结果这个老板立马变脸了，说：“你是谁老师啊！”

我当时愣了下，立马就跟他道歉说：“我做了十几年老师，大家都不知道我名字，就习惯了称呼我郑老师，真的很抱歉。”

从他办公室出来后，我渐渐平静下来，开始反思自己：也许我真的一不小心就好为人师了。而这位企业家强硬的态度给了我一个震慑，他之所以能这么理直气壮地指责我的好为人师，是因为他确实做到了企业的自我强大。那一刻，他激发了我也要做自己的企业和品牌的动力。

他的无礼激发了我内心的能量，可是我并没有回击他，而是收回了自己的能量。就像一个鸡蛋，如果是内在产生力量就是生命，但是变成外在力量就会变成一盘菜，人的生命也是如此。

正是有了这样的另类贵人，我们在某些时候才会改变人生的方向，让自己的人生越走越稳，越走越坚定。他们的贵更贵。

你是自己最大的贵人

曾经在书上看到过这样一个故事，在一个风雨交加的夜晚，一对老夫妇匆忙走进一间旅馆，他们要求住宿一晚。旅馆的夜班服务生礼貌地说：“非常抱歉，今天的房间已经被早上来开会的团体订满了。你们可以待在我的房间，因为我要值班，我可以在办公室休息。”这位年轻的服务生话说得很诚恳。

老夫妇大方地接受了他的建议，并对造成服务生的不便致歉。隔天，雨过天晴，老先生前去结账时，柜台上仍是昨晚的这位服务生，他依然亲切地说："昨天您住的房间并不是饭店的客房，所以我们不会收您的钱，也希望你们昨晚睡得安稳。"

老先生点头称赞："你是每个旅馆老板梦寐以求的员工，或许改天我可以帮你盖一座旅馆。"服务生觉得有些受宠若惊，但是因为这个想法实在太夸张了，所以他也只是把它当成一句玩笑。

几年后，服务生仍在这家旅馆工作。有一天，他收到一封信，信中说了那个风雨夜晚所发生的事，另外还附一张邀请函和赴纽约的双程机票。在抵达哈顿几天后，服务生在纽约最繁华的路口遇到了这位当年的旅客，这个路口正矗立着一栋华丽的新大楼，老先生说："这是我为你盖的旅馆，希望你来为我经营，记得吗？我在当时曾提出这样的建议，告诉你吧！我可是认真的。" 这位服务生惊奇莫名，他说话突然变得结结巴巴："你是不是有什么条件？你为什么选择我呢？你到底是谁？"

"我叫威廉·阿斯特，对于你，我没有任何条件，我说过，你正是我梦寐以求的员工。"这座旅馆就是华尔道夫饭店，这家饭店在1931年启用，是纽约的地标性建筑。当时接下这份工作的服务生叫乔治·波物。

是什么态度让这位服务生改变了他生活的命运？毋庸置疑的是，他遇到了贵人。如果服务生因客满而让老夫妇流落狂风暴雨中，恐怕他也得不到这份天上掉下来的礼物。

贵人是什么？李嘉诚先生说："一个人的富贵是内心的富贵。贵，是从一个人的行为而来。"人生充满着许许多多的机会，每一个机会都可能将自己推向另一个高峰，不要轻视任何一个人，不要疏忽任何一个可以助人的机会，学会把每一件事都做到完善，学会对每一个机会都充满感激。也许，我们就是自己最重要的贵人。

一个人的生命中，其实起决定性作用的还是你自己，成功还是取决于自身的品格和努力。人生最大的贵人，正是自己！

发现你的贵人

所谓的贵人就是无条件支持你，与你共进退的人，是能够给你指明方向的人，是敢于纠正你问题的人。生命中的贵人有可能是父母，有可能是朋友，也有可能是你的上司。

敢于批评你的人。人人都爱听表扬的话，批评往往让人不舒服，但忠言逆耳利于行，只有真正希望你变得更加优秀的人，才会客观指出你的问题。批评你的人，说明他经常关注你，批评你的人，觉得你是可塑造的，愿意帮助你进步。

善于发现你优点的人。你的贵人，善于欣赏你的优点，能够挖掘你身上的潜力，并且能够让优势发挥到极致，让你更加有动力向前冲。欣赏他人，是一种良好修养，你的贵人，不会妒忌你，对你给予肯定，还会为你一路鼓掌。

困境中拉你一把的人。我们都说：同甘容易，共苦难。我们身边不缺锦上添花的人，缺的是雪中送炭者。当你身处逆境时，能够及时伸出手帮你的，一定是一辈子的贵人，他为我们点亮了希望的灯。

传授你经验的人。人生经验是无价之宝，不是人人都愿意分享，舍得给你传授的，一定是贵人。不拿你当外人，真诚教导，为你做领路人。

梦想必须有，因为一定能实现

要实现梦想，你得先有梦想

有句话说，即使在困境里也不要忘了仰望星空。这个星空就是我们的梦想。也许当下的环境并不美好，甚至困苦，但是将自己的目光放到更远处，我们才有可能触及完全不同的生活和世界。

记得当年在农村种地，夏日炎炎，汗流浃背，真的非常辛苦。我抬头看看天，心想我要珍惜这段时间啊，我这辈子不可能总种地，将来回想起来一定很留恋。只不过那个时候的梦想是渺茫而抽象的，我并不知道自己未来会过什么样的生活，但我内心有个强烈的念头——我不会在农村待一辈子，我将来一定会到城里发展，一定会到世界各地走走。

正是在这种念头的驱使下，2001 年我决定离开学校去城里打拼。我记得当时我的工资每个月是 170 元。我来城市办了自己的辅导机构，同时寻找新的机会。当时有个非常出名的私立学校对我表示青睐，跟学校负责人谈完之后，我就想如果每个月能拿到 710 元就好了。

其实我当时心里没谱，觉得这个工资简直有点天方夜谭。可是没想到经过重重考核后正式录用时，校长真的给到了我 710 元的工资。

念念不忘，必有回响！

我发现自己心里所想的，最终都实现了。这让我对生活有了新的认知，你想要实现梦想，首先就必须得有梦想，如果连想都不敢想，谈何实现呢？

再后来，我就开始想，我能不能一天赚 1000 元呢？

当时我利用业余时间做司仪主持。有一次，客户很感激我为他们留下了一个美好的婚礼记忆，在活动结束后又特意给我包了一个红包。我打开一看，1000 元整！日入千元的梦想竟然真的实现了。

于是我又开始琢磨，能不能一天赚 10000 元呢？

在 2004 年的时候，我开始接触教练技术课程，我除了专注学习内容之外，也经常找给我们授课的教练聊天。在聊天的过程中我得知，他们的收入每天最少都有 10000 元，这让我眼前一亮。后来我狠下心来把学校、典当行、茶楼等都放下，因为我有了一个新的目标，我要当一个教练技术的导师，因为那里的收入一天最低 10000 元。当时我甚至选择负债去不停地学习，因为我知道只要我学有所成，钱可以再赚。

后来，我毫无意外地实现了自己的目标。

接下来我就想，我能不能一天赚 50000 元呢？

这个时候我已经有了非常丰富的授课经验。我给清华大学教学服务中心、哈尔滨以及南京的 MBA 班等都讲过课，也接触了很多大的企业家和教育平台、知名上市公司等，为他们设计课程。当时我的身价是一天 50000 元，我再次实现了自己的目标。

但是我的期望已经不止于此了，我想既然我能给北大荒集团、常州大喜来、大庆隆赫达、程度天荣生物等数十家知名企业进行顶层设计、团队建设、开拓市场等方面的辅导，为什么我不能自己创业成为一名企业家呢？于是从 2015 年开始，我创办了自己的公司和品牌，虽然中间几经波折，但一路走到现在，我早已经不是那个在地里头汗流浃背的农民了。

现在，我将自己的梦想转为公司的使命，朝着更远大的目标前进，我深信未来一定也会如愿以偿。因为梦想必须有，一定会实现！

你只是不敢想

事实上，很多人发展的最大阻碍，都是来自本身，他们很多时候仅仅拘泥于一些固有的工作流程之中，却忘记了自己在这忙忙碌碌中到底在干些什么？为了什么？更重要的是，大多数时候，这些人对未来连想都不敢想。

“梦想”这个词，似乎是那些成功人士的专属名词，你成功了，你可以谈梦想，但你如果还是一个普通人，谈梦想就成了不切实际。这其实是一种极不公平、极不理性的态度。

我老家有个兄弟，30 岁出头，可已经是严重超标的身材。圆鼓鼓的大肚腩已经把衣服都撑的有些变形，而且在他身上，你几乎分不出大小腿，横竖都一样粗。每次别人让他减肥，他都说不可能。原因有很多，比如他们整个家族的人都长成这样的肥头大耳，有基因遗传；比如他是那种喝水都要长肉的那种人，属于易胖体质；比如他若一减肥身体的免疫力就会下降。

后来，他无故晕倒了，到了医院检查才发现，他有严重的高血压。医生嘱咐他，一定要减肥，不能再这样胡吃海喝了，必须控制体重，否则，后果不堪设想。这下可把这位大哥吓住了，从出院那天起，他就决心要减肥，然后制订了减肥计划，每天控制饮食，然后强制自己早晚跑步，每天走路步数在 10000 步以上。刚开始的时候，减肥确实是艰难的，看到大块大块的肥肉，他眼珠都变绿了，可是一想到再多吃一口都有可能要了他的小命，于是在各种纠结和无奈中，强行压制住自己。

可后来，他坚持了 5 个月发现自己的肥胖跟基因没多大的关系，也不属于易胖体质，而且瘦下来身体更健康了。虽然此次瘦了下来，效果不是特别的明显，但至少衣服已经从“专业定制尺码”到可以穿商场里卖的“加大号”了。

再来看看他当初斩钉截铁的“不可能”怎么就变成了可能？无论做任何事情，你连想都不敢想，又怎么肯下定决心做呢，既不敢想也不敢做，又怎么可能有机会实现呢？如果我们连想做这件事的勇气都没有，还何谈能够实现它呢？

梦想≠幻想

我们说到梦想，经常会认为：梦想 = 不切实际的幻想。

幻想和梦想其实是有很大的区别的。有的人每天都在做梦，越做梦越觉得自己的生活没有价值和意义，越做梦越觉得自己生活得非常空虚，他开始变得越来越焦虑。这样的梦就是幻想。幻想和梦想的区别在于，我们花了很多时间去期待美好结果的往往是幻想，我们花了很多时间去克服种种阻碍坚持接近的才是梦想。

梦想是一个去实现的过程

一个真正的梦想家，他追求的并不是梦想本身，而是实现梦想的过程。

这个世界上是没有一种职业，是光靠做梦就可以生存下去的，每一个人都必须从点滴出发，一点一点地实现自己的梦想。马云在创办阿里巴巴的时候，曾经喊出豪言壮语：让天下没有难做的生意。从阿里巴巴再到淘宝，再到支付宝的信用体系，他其实用自己的行动在一步一步地实现自己的梦想。

经营企业的时候，我们讲使命、愿景和价值观。比如说我们正心盛世的使命就是携手三千导师，共创五福人生，让中国有更多幸福的家庭。我们的愿景就是能够在国际上建立我们中国企业的口碑。梦想其实并不是使命，而是我们的愿景。也就是一个可行的、可以实现的目标，在实现这个梦想的过程当中积累能力，建立信心，每次提出一个新的梦想时，我们会更加有希望。

我们要做成某件事，首先是要描绘它的理想状态，然后把实现它的过程在头脑里进行模拟演练。一直到“看见”它的结果为止。

比如组织一次会议，不同的组织者就会有不同的组织方式。有的人可能只管通知下达就撒手不管了，但有些人却可以把会议从头到尾涉及的内容都考虑周全，这就是模拟演练的魅力。

稻盛和夫当年开展手机事业的时候，曾预言道：“手机时代即将到来。”而那时的手机行业还没有所谓的苹果、安卓智能机，整个行业刚刚起步。而他就通过京瓷公司的半导体技术革新速度、产品、成本等数据，对手机市场进行了预测，认为“不管何时、何地与何人”都可以用手机交流的时代一定会到来！这些年过去了，预言成真，稻盛和夫也似乎变成了先知，而这就是因为他在提出观点之前做了大量的基础工作，通过不断的模拟演练，准确地描绘了未来的手机时代。

关于如何评估自己的梦想是否不切实际，稻盛和夫的《活法》巧妙地回答了这个问题：“你想要做某件事，产生这种愿望本身就是一个证据，证明你具备将这种愿望变成现实的潜在力量。”

撇除少数那些确实腹中空的大话人士，对于我们普通人来说，只要心中有梦想，那势必是自己有过评估，且有潜力完成的。所以，不用压抑自己的梦想，要干之前，更要敢想！而如何实现呢？就是要通过模拟，能够准确地描绘自己成功的过程和情景，那么成功率就会非常高！

你需要的是勇气

有一个国王，他想委任一名官员担任一项重要的职务，就召集了许多孔武有力和聪明过人的官员，想试试他们之中谁能胜任。

“聪明的人们！”国王说，“我有个问题，想看看你们谁能在这种情况下解决它。”国王领着这些人来到一座大门口，一座以前谁也没见过的门前，说道：“你们看到的这座门是我国最大最重的门。你们之中谁能把它打开呢？”

许多大臣见了这门，都摇了摇头，有一些比较聪明一点的，也只是走近看了看，没人敢去开这门。当这些聪明人说打不开时，其他人也都随声附和。只有一位大臣，他走到大门处，用眼睛观察，用手仔细检查，用各种办法试图去打开它。最后，他抓住了一条沉重的链子一拉，哗啦一声，门竟然打开啦。其实大门并没有完全关死，而是留了一条窄缝，任何人只要仔细观察，再加上有胆量去开一下，都会把门打开的。

国王说：“你将要在朝廷中担任重要的职务，因为你不光限于你所见到的或者听到的，你还有勇气靠自己的力量去冒险试一试。”

而这样的勇气，是我们很多人所缺失的。因为担心做不到，担心做出来效果不如预期，或者根本没有足够的勇气迈出第一步，我们总是犹疑不定，在行动前就想好了撤退的后路。但也有一些人，忽略了种种不确定因素，对质疑声充耳不闻。他们甚至不在乎结果，凭着一股勇气就奔在了实现愿望的路上。渴望抵达靶心的箭已经在弦上，出发就是胜利。

我们所忧虑的不可能只是在你的心中。如果你一直不敢去想，你真正想要的东西怎么可能不请自来呢？很多人总是说要做成某件事，需要什么条件，缺乏什么条件，可是没有这些条件，你可以去创造条件啊，直线走不通的路，你可以绕着弯走啊，条条大路通罗马。可你连想都不敢想罗马在哪里，那你一辈子也去不了罗马。

我们为什么总是想着不可能？

其中很大的原因，一是不相信自己能够做到，缺乏自信；二是不愿意面对失败的结果；三是害怕别人不认同。

特蕾莎修女说：上帝不是要你成功，他只是要你尝试。很多人认定的不可能的事，其实都不是胡编乱造、绝无可能的，因为大多数认定的“不可能的事”根本就没达到“异想天开”的水平，他们甚至对于自己能做到的事，也不敢想象。想法是行动的最佳驱动力。它能给你的目标提供有力的思维支撑点。

你大概不会听说一个不想减肥的人，在没生大病受打击的情况下，自然而然地瘦了下来。你大概也不会听过一个只想做士兵的普通员工，在没有背景没有伯乐的情况下，自然而然就成了将军。你大概更不会听说，一个从来就不想功成名就的人，在没有任何机遇没有任何努力的情况下，自然而然地成了一个赫赫有名的人物。

你只有敢想，才会竭尽全力为此而努力，想法是一个人能否成功的关键因素。也许你会失败，但成功绝不会属于那种连想都害怕想、不敢想的人。

怎么样找到一个合理的梦想？

我们不妨问自己几个问题：

1. 我有什么兴趣？

比如我喜欢帮助他人，乐于分享，我也喜欢思考和学习。

2. 我最喜欢的影视剧作品是什么？其中的主角是谁？

我最喜欢《创世纪》中的男一号。

3. 我的偶像是谁？他是一个什么样的人？

我的偶像是稻盛和夫，他是一个实事求是，能够一步一步去解决问题的人。

4. 我过去的经历中有什么我一直想要做的事情？

我一直想要让自己的企业能够帮助到更多的人，也希望自己能够帮助更多的人去解决问题。

这 4 个问题让我意识到，我的梦想就是创办一家能够帮助人的企业。那么你呢？你的梦想是什么呢？试着梳理一下自己的梦想。

练习 2：探索无意识态度如何影响你跟金钱的关系

我常常和学生们讨论他们和钱的关系：他们是如何花钱的，他们目前的经济状况如何，他们和伴侣在金钱的分配上是否有分歧等。钱的问题并不单单是钱的问题，它往往反映的是一个人的综合问题。

人和钱的关系会成为我们交谈学习的切入点，从而展开更多的生活细节，引出更多深层的问题。解决了这些问题，他们的生活就会有很大的变化。因为我们和钱的关系会影响到我们生活的方方面面。我们可以通过修复自己和金钱的关系，让自己的整个人生发生很大的转变。

我的一个学生叫落落，是个月薪过万的月光族，她常年背负着近10万元的信用卡卡债。虽然她工作努力，却一直没法存下钱来，每次都是莫名其妙地把钱花光了。因为有卡债要还，又没有积蓄作为资本，她错过了人生中好几次赚大钱的机会。一次是朋友看中了一个小户型的楼盘，邀请她一起购买，首付只要15万元，但是她因为没钱没买，而朋友买了。一年之后，因为地段好，交通便利，户型稀缺，以及政策限购的原因，房子的价格翻了近两倍。还有一次是她亲戚想要开店，问她要不要投资，每年按照出资占比分红，最低投资8万元，她分析了项目，觉得这是一个很有可能会赚到钱的店。可是她没钱投资，也不敢借钱投资。半年左右，这个店就收回投资成本，开始真正盈利，但是与她无关。

她与金钱的关系出了问题，是因为受到原生家庭的影响。落落幼年时候父亲身体不好，常年吃药，家里的经济来源主要靠母亲。母亲打两份工，但收入也不高，为了维持家庭的运转，母亲很节省，从来没有给女儿买过任何玩具，每当落落想买一个什么东西时，母亲都会说："家里没钱。"或者指责她："你又乱花钱。"等落落长大了，自己能赚钱买东西时，母亲还是习惯地念叨她："你怎么又乱花钱？！"

现在每次消费时，落落心里会重复母亲的话："你怎么又乱花钱？！"她会陷入自责，但是不知道为什么，越是自责，越是控制不住地买买买。购物总会带给她一瞬间的平静和满足，但是这种感觉很快就会消失，取代它的就是自责和空虚。但是她停不下来，总会买很多自己不需要的东西。

人总是很容易忠于过去，忠于苦难。所以我们经常会以各种方式忠于原生家庭的本来形态。就像从小在父亲出轨、母亲痛苦不堪的家庭里成长，女孩很容易变得和母亲一样在情感中历经坎坷，而男孩则很容易因为过度靠近母亲，而变得和父亲一样，忽视自己的妻子。

心理学上把这种现象称为"强迫性重复"，意思是有些创伤必须回到那个状态才能治好。就像一块钢铁被扭曲了，需要被火烤，回到那个状态才能把它矫正、修复。所以，我们总是喊着不想要成为父母那样的人，但最终却在不知不觉里活成了他们的翻版。

这一点，在金钱关系上也不例外。

小时候的我们就像一台摄像机，把我们接触的大人们的各种信息拍摄下来。等到长大之后，我们又像一台放映机，在一定外界环境的刺激下，就会把那些过去录制的信息给放映出来。从某种程度上说，我们的一生，都是在不断地与原生家庭纠缠。

所以，如果你觉得自己在和金钱的关系上有些问题，如果你总是无法成为自己想要成为的那种人，那么不妨回过头去看看自己的原生家庭，看看自己的限制性信念，没准根源就在那里。

通常情况下，我们的潜意识模式会束缚我们，让我们无法扩展、前进，但是当你觉察到这一点的时候，你就有了突破的可能性。每个人的人生都是自己内心所创造的。找到这种原生家庭的束缚，并且打破它，你就可能会拥有自己想要的成功和幸福。

通过深入沟通，落落梳理了和母亲的关系，也梳理了自己和金钱的关系。母亲不肯给她花钱，不是不爱她，而是在当时的环境下，为了维持生活母亲做出了那样省钱的选择。母亲不肯给她花钱，并不代表她不好。她也无须通过花钱来确认自己的价值。落落开始不再内化母亲的声音，每次购物时她不再自责，而是认真问问自己，我真的需要这样东西吗？然后再决定买与不买。经过一段时间的练习，落落和母亲的关系得到了改善，和金钱的关系也得到了改善，她开始还掉一部分卡债，生活从此变得轻松。再后来，她存下一笔钱，用来投资自己，发展自己的职业技能，不久就获得了一份收入更高，自己也更喜欢的工作。

所以我们和金钱的关系出了问题，源头往往来自原生家庭。疗愈自己与金钱的关系，就是疗愈自己在原生家庭里遭遇的创伤。随着自己年龄的增长，我也越来越看到爸爸与金钱的关系是如何影响我的。

我爸爸是一个农民，同时还是一个做豆腐的好商人，农忙时他种地，农闲时他给别人做豆腐，发展养殖。所以，他的收入来源就不止一个。因此，在我的概念里面就觉得一个人是可以同时做两份甚至更多份工作的。他的收入来源也可以多元化。所以，我是一名老师，也是一名司仪主持，同时还会做一些副业。我的收入来源也不单一。可以说，我其实复制了父亲的职业之路。

我的父亲成长于多子女家庭，在那个匮乏的年代要养大孩子很不容易，他的父母都很节省。我爸爸年轻时候完全靠自己盖上房子，娶妻生子，白手起家。受父母的影响，再加上自己的人生经历，我爸爸非常节省，他不舍得给自己和家人花钱，喜欢存钱。存钱会给他带来安全感。

我后来也是如此，不舍得花钱，但是会愿意给身边的人花钱。即便我不停地进行自我成长，但是也只改善了一部分。后来我一直在努力，学会爱自己，给自己的健康和学习不断投资。令我欣慰的是，这些年我已经接纳了自己，不再像以前那样对自己近乎苛刻了。

当我们总是为钱困扰时，不妨问问：

你与金钱的关系如何？

你知道自己有哪些金钱观？

这些观念是限制你的消极观念，还是发展你的积极观念？

你的金钱观从何而来，给你的生活带来了什么影响？

你爱钱吗？

你对金钱有罪恶感吗？

你是否也被钱所困？

你想过上更富足自由的生活吗？

你想改善自己与金钱的关系，改善夫妻关系，赢得美满富足的家庭吗？

当你无法回答这些问题，并为此感到困惑时，我们可以先做个检测。现在，请你闭上眼睛，深呼吸几次，然后想想自己银行账户里的钱。接下来，留意你的身体内涌现出了怎样的情绪和感受？刚刚，当你想到账户里的钱，你感觉到什么？你感受到丰盛、满足、安全、放松、自由……还是紧绷、紧张、焦虑、沮丧、怨恨？

请留意，刚刚你只是想了想自己账户里有多少钱，只是想了一下而已，但你的许多感受就被激发出来。那些感受的质量和所在的频率，就代表着你与金钱的关系。你与钱的关系，本质上是在呈现你与自己的关系。事实上，你根本没有跟钱建立起关系，你只是在经验“自己对钱的想法”。围绕着钱，你所体验到的一切，更多的是关于你自己，而非关于钱。所以，如果你对钱怀有恐惧，你真正经验的，其实是一直存在于你内在深处的恐惧和不安全感。

这就是为什么那些中了彩票大奖的人，总是很快再次失去钱，因为即使他们拥有的金钱数量变了，但是他们还没有在内在创造出与那笔意外之财相匹配的丰盛和价值感。因此，钱又会流失了，很多人变得比原来更穷困了。

著名演员金凯瑞曾说：“我真心希望所有人都拼命努力变得富有和有名，然后去做梦想中的一切，如此，他们才会意识到，那根本不是答案。”

因此，问问你自己：我是否在无觉知地追逐钱，只是为了避免触碰过内在的恐惧和痛楚？或者希望用钱来掩盖内在的恐惧和痛楚？

一旦如此，你和金钱的关系会建立在内在的痛楚上，这样自然难以吸引财富的到来。消除内在的痛楚和恐惧是首位的，提升自我的价值感是首位的。一旦内在功课完成，外在的财富自然会随之流动。

第三章 家庭

和谐有爱的家庭关系是如何营造的？

我们需要重新定义“爱”

爱很抽象，不好理解。

如果把爱看作是一种美好的感觉，就很容易说明白。美好的定义是什么？百度上面给到的解释是：美丽的东西，给人舒服的感觉。词性：形容词，褒义。

美实际上是一个动词，没有行动就不会有美。一个人让你有美好感觉时，一定是他对你做了什么，同时又对他自己做了什么。因此你所感受到的美好感觉，实际上是他一系列行动之后所呈现给你的最终结果。这样听起来，是不是有些不解？我们接着往下分析。你通过对方的行为，来决定你是否舒服，所以结果是由你评定的，但起因在对方。

举个例子：

孩子：妈妈你帮我把橘子剥了吧！

妈妈：好的，剥好了，你要怎么吃？

孩子：我想放到昨天新买的盘子里，用叉子叉着吃。

妈妈：需要妈妈帮你拿盘子和叉子吗？

孩子：谢谢妈妈！我要那把最小的叉子。

妈妈：好的，宝贝，给你。

孩子：谢谢妈妈，我好爱你！

妈妈：妈妈也爱你。

这对母子之间的对话很有爱，是不是？

妈妈和孩子之间就是通过行动，根据对方的需求，把美好的感觉给到对方。家庭中的其他关系，也是如此。我出生的时候，我母亲已经 40 岁了，而我父亲快 50 岁了。老来得子对他们来说是一件非常开心的事儿，加上哥哥姐姐们都要年长我很多，我成了全家人的掌上明珠。这种宠爱和优待，让我的整个童年和少年时期，都是无忧无虑的。直到，我母亲 60 岁那年，突然昏倒了。那一刻我从幸福中警醒，我第一次开始思考生死的事情：爸爸妈妈都已经老了，他们迟早有一天将要离开我的。而我能够做的，就是尽量多陪伴他们，照顾好他们。

母亲晕厥时候的画面，深深地刻在我的脑海中。我开始从一个被他们照顾的孩子，变成了观察、体贴父母的大人。

我的第一个改变，是行动上的

我开始尽量承担家里面大部分的家务，比如喂猪、擦地、洗衣物、地里头的活儿等，目的只有一个，就是让他们少受累。

我的第二个改变，是陪伴策略上的

我发现让他们开心是最重要的事情。当时我的几个哥哥姐姐都已经成家，去了市里、县里。父母长期跟我生活在一起，但是也会很思念其他几个子女。我就尽量创造机会，带着他们去几个哥哥姐姐家生活几天。

印象最深的是 1991 年的时候，刚开始流行私家车，那我就花钱租了一辆车，带他们出行。我说这是朋友家的车，不用花钱，加点油就行了。

其实租车一天的价格是300元，而我那个时候一个月的工资才100多元。但是这个钱花得特别值。父母看到哥哥姐姐们都生活得不错，心里高兴，我也跟着开心了。

我的第三个改变，是找他们的喜好

我父母两个人性格是截然相反的，通常我给他们买礼物的时候，都会根据他们的性格，用不同的方法。比如我赶集的时候，给我妈买了一件集市里最贵的衣服，花了 50 元钱。买回来之后，我会把包装、价签这些全撕掉，还使劲揉搓了几下，做出不那么崭新齐整的样子，然后回家跟我妈说，给你买了个衣服，你试试吧！

我妈就会心疼："这么好的衣服挺贵吧。"

我说："不贵，才 5 块钱。"

我妈不信："净骗人，这么好的衣服怎么能 5 块钱呢？"

我说："你看这衣服都皱巴巴的了，连个包装也没有，他就剩这一件儿了，然后着急走，要价才 10 块钱，我说我就剩 5 块钱了，你要卖我就买，你要不卖我就走了，他就卖给我了。"我妈一听就当真了，立马穿上，去村里显摆。"看我儿子多会买衣服，这么好的衣服才花 5 块钱。"

如果我说这件衣服花 50 块，妈就得心疼，可能连包装都不肯拆，让我退回去。即使留下来了，她也会留着出门穿，但其实一年能出几回门儿呢？

如果给我爸买衣服就不一样。我爸是特别讲究的人，用现代话说就喜欢名牌儿。所以给我爸买衣服，一定得带包装的，并且告诉他这衣服花了多少钱，千万别隐瞒。因为我要说这个衣服便宜，我爸就觉得我对他不好，怎么买些廉价的东西搪塞他呢？

我的第四个改变，是让他们感受到被需求

许多农村父母老了以后，生怕拖累自己的小孩，甚至就盼着自己早点死，千万别生病瘫痪折磨孩子们。这样的心态，身体怎么会健康呢？我就想方设法让他们替我做一些事情，让我的父母感觉到，我是很需要他们的。即使这些小事，对我来说根本不重要。比如日常生活中，我每次上班离家之前，都会给我妈一点钱，让她帮我买点菜和水果之类的东西，这样她还能顺便买点儿自己喜欢的。

父亲去世后，母亲就经常一个人孤零零地在家。她每天就在家不停地看讲佛法的光碟。我担心她这样太单调，就跟我妈说，最近那个中央开会了，你帮我看新闻啊，看完等我回来跟我讲讲。我妈就每天认真地看新闻。过了一段时间，我发现我妈一天到晚都在看新闻，因为当时电视台的新闻都是循环播放的。我就说，听说现在播放的《还珠格格》非常好看，我没时间看，你帮我看，晚上给我讲吧。我妈就开始认真地看《还珠格格》了。

那段时间我很忙，几乎每天晚上都是12点左右才能回家。我妈从来不会先睡，都在等着我回家，她跟我讲新闻或者电视剧的时候，是我们母子一天当中最温馨快乐的时候。我就坐在床头，把袜子脱下来，我妈把枕头底下头一天洗好的袜子拿出来给我。我把洗干净的袜子接过来，放在鼻子上闻一闻，夸赞说：“看我妈洗的袜子多香！”

其实这都是我特意设计的,就是让她有价值感,让她觉得自己有用。爱自己的家人父母，其实并不只是让他们吃好喝好什么都不做，相反，我还会去找一些事情给他们做，让他们行动起来，并且在这种行动中感受到自己是被需要的，他们也会从中获得无比的满足感。

这才是真正的爱。

让语言充满爱的能量

思想具有能量，语言是有声的思想，所以语言具有很强的能量。一句话能给他人带来美好的体验，成就一个人；一句话也能给他人带来痛苦，造成深深的伤害。比如某些人因为一时气愤，说出了重话，后来真的发生严重的后果。

这种事情在生活中屡见不鲜：夫妻吵架后，丈夫愤怒地对着妻子骂道,你去死啦！结果妻子真的就去死了；父亲气呼呼地对孩子叫骂着，有本事你就永远不要回来！结果孩子真的因为一场意外就再也没有回去过。

有人或许会问，我只是说说而已，又不是真的，有什么关系？一位著名心理专家说过的一句话："也许我们并不认为，自己的谈话方式是暴力的，但语言，确实常常引发自己和他人的痛苦。"说话往往反映一个人的素养，你说什么样的话，你就是什么样的人。懂得好好说话的人，总是在说话之前过过脑子，想想对方听了是什么感受。其实说话是门艺术，是一种爱的艺术。

充满爱的人际关系，首先从好好说话开始。

夫妻间相处，尊重比责怪重要

在我印象中，我的父母结婚多年，几乎就没有吵过架，因此我们兄弟姐妹几个，也很少出现脸红脖子粗的情况。懂得好好说话的家庭，往往幸福感更强。婚姻中的两个人相伴多年以后，总会认为无须顾忌与对方说话的语气和态度。原本的关心，到了嘴边就变成了埋怨与指责。在一起时间久了，耐心被消磨，即使是出于好意，但说话时也没有考虑到对方的感受。

举个例子，一对夫妻，某天晚上吃完晚饭后，老婆待在家里看电视剧，老公过来说，媳妇你最近好像胖了很多。这时，老婆还没有听老公说完，就炸了，连着就问，你是不是嫌弃我了！你怎样怎样，然后随口就说你不爱我了，随后两个人的情绪都不舒服，就开始冷战，进入到冷暴力！

其实老公的后半句是，我们一起去减肥吧，一起去遛弯吧，这样整体的氛围就又不一样了。所以我们在表达时，要知道自己表达目的是什么，要正确地表达情绪，而不要带着情绪去表达！

夫妻间的任何小问题，都可能会变成影响家庭幸福的大麻烦。很多时候，换一种说话方式，两个人的心情会截然不同。好好说话，多表达担心，少一些指责；不要轻易动气，遇到矛盾不要相互叫嚷争吵；心平气和就事论事，多为对方考虑。在一个家庭里，好好说话受益的不仅是夫妻双方，还有孩子。以身作则，父母的说话方式对孩子的成长教育也有着很大的影响。

与孩子相处，夸奖比打击重要

心理学家苏珊·福沃德博士曾在书中说：“小孩是不会区分事实和笑话的，他们会相信父母说的有关自己的话，并将其变为自己的观点。”

不少父母擅长打击教育，但这种打击教育并不能达到“为了孩子好”的目的，反而会给孩子的成长带来消极影响。经常被打击的孩子，往往十分自卑，常常陷入自我否定和自我怀疑的情绪中。

常常夸奖孩子，给孩子积极的暗示与鼓励，孩子会表现得越来越出色。在心理学中，有一个词语叫“皮格马利翁效应”。也就是当一个人获得赞美时，他便感觉获得了社会支持，从而增强了自我价值，变得自信自尊，获得一种积极向上的动力，并且尽力达到对方的期待。在被表扬的情况下，受表扬者会不断进步。

我小时候是一个说话特别木讷、动手能力也偏弱的孩子，但是我妈从来不会打击我，她总是说：“我家老儿子是最聪明的！干啥像啥，总能成功！”现在看来，她的话似乎就有魔力，我果真如她所说，做什么成什么。当一个妈妈内心坚信自己的孩子，并且将这种信任和爱，毫无疑虑地都给到他的孩子的时候，那这个孩子就会成为妈妈想象中的样子。

我上小学的时候特别不愿意写作业，所以学习就不好。班主任就上我家跟我妈说：“老婶儿啊，你家的孩子从来不写作业呀，每一学期班集体都因为他拉分儿，我这评优秀老师都评不上了。”我妈立马给人家道歉，把老师送走之后，又反过来安慰我说：“儿子，没事儿的啊，下回就好了，咱努力下回就好了。”

我发现，无论我犯多大的错我妈妈都是心平气和的，这只有把自己的孩子当别人的孩子，才能做到，但是我妈做到了。我内心受到了很大的震撼，于是也开始反思，自己是否真的能如她所说的那样做好呢，于是我开始越来越好了。

这种教育理念，也从我妈那得以传承，用到了我女儿身上。有一年修房子，我带着女儿一起去挑瓷砖，我问她，你觉得哪个好？其实我早就看中了其中一款，就站在我看中的那款前。然后她说：“我看这个不错欸。”我夸奖：“看我女儿多有眼光。”当我把光环戴在孩子身上，她变得更加有自信。

每次一来客人说，哇，你家地板好漂亮啊，我说我女儿选的呀。女儿就会特别开心，这样慢慢培养她的自主选择能力和审美。

把自己的孩子当别人的孩子

假如一个孩子摔坏了你最心爱的东西，如果这个孩子是你自己的孩子，你绝对会勃然大怒，甚至会痛打孩子。如果这个孩子是来你家玩的朋友的孩子呢，你一定是笑笑就算了，心平气和地过去了。

同样，假如你的孩子考试不理想，回家后你可能就控制不住大发脾气，但如果是邻居家的孩子呢，你不但不会发脾气，还会鼓励他，帮他分析原因，给人无限的爱和耐心。这就让人不得不感慨：如果养自己家的孩子，就像养别人家的孩子一样就好了！孩子一定会有很多自由空间，也会被父母看到很多值得欣赏的地方。我看别人家孩子，怎么看，都觉得优秀。就是看自己家孩子，容易看到短板。

真的是，越爱孩子，越容易让孩子感受不到爱。这其实都是用错了方式。我妈就非常特别，她任何时候都是心平气和的，非常淡定。把我当成别人家的孩子一样对待、培养。而我把这种方法用到女儿身上，也是非常有效的。

有一次啊，我去哈尔滨出差，就想顺便去学校看她。当时是一大早，应该是孩子吃早餐的时间。结果到那一问，宿管说你女儿昨天晚上没回来。我大吃一惊，我相信读者看到这都会心里一凉，如果你的孩子也在上大学，还是个女孩儿，你去学校找她，被告知说她晚上没回来，你会怎么想呢？我相信一定是往坏了想。我瞬间开始有了情绪，并且抑制不住想往坏里想，但是理性又把我拉了回来。我想就安安静静等她回来吧。

过了大概一个小时，我听到女儿的声音："老爸你咋来了呢？"我说我不来，我也不知道你昨天晚上没在学校住啊。然后我女儿拿了很厚的一叠纸说："老爸，我这不是要毕业了嘛，写毕业论文也不会呀，我俩昨天晚上包宿去了，总算搞定了。"

那一刻，说实话真的是受我妈的影响。否则的话，我可能第一时间就打电话过去，质问她在哪儿，什么情况？但是我觉得平和淡定地在那儿等待，这种爱真的避免了很多的伤害。

别把销售当销售

有个学员非常苦恼，他说我怎么努力都没办法做好销售，即使我学了很多销售技巧、说话艺术，但依旧没什么效果，怎么办呢?

我就问他，你平时怎么做服务的呢?

他说我会打电话问候，建客户群，然后在节假日给客户买礼物等。

我说这都不叫服务，这叫小恩小惠或者叫贿赂，我给你举个例子。

假如你带着你的孩子去宠物店买狗。第一个卖狗人说：“你看这条狗很好，好像你孩子也挺喜欢的，500 块钱，你好好再看一看。如果你喜欢呢，付 500 块钱就成交了。至于狗，你也看过了，你孩子现在挺喜欢的，至于说以后怎么样，跟我就没关系了。”

第二个卖狗的人说：“你看这条狗很好，如果你要愿意的话呢，我可以让你先带回去养一个月或者养一周，如果一周之后你觉得挺好，孩子也挺喜欢，那你就留下，你再给我 500 块钱。”

第三个卖狗的人，仍然是要价 500 块钱，但他是这么表达的：“你孩子看起来挺喜欢的，但是我不知道你养没养过狗?是不是会养狗?你孩子是不是真正喜欢狗?但她肯定喜欢这条狗，所以呢，我会跟你一块把狗带到你家，然后在你家找到一个最好的地方，搭一个狗窝，我会放足够的食物给它，你可以喂一个星期，我还会教你怎么喂这条狗，然后一个星期以后我再来。如果你孩子仍然喜欢这条狗，这条狗也喜欢你孩子，那这时候我来收 500 块钱，如果你说不喜欢，或者你孩子跟这条狗之间没有缘分，那我就把狗抱走，把你家打扫干净，顺便把味道全部清理干净。”

我就问他，你猜我会买哪个？他说那一定是第三个呀。为什么买第三个，我说这就叫服务。什么叫服务呢？两个字，感动。当你不再把销售当销售，而是设身处地把自己当成需求方，你的话语中就会有爱的能量，它能被人感知到，自然这件事也会更加容易促成。

付出爱是件快乐的事

小时候，我最盼望的便是过年。入冬后，就开始掰着指头数日子，似乎那是一个遥远的、很难到达的目的地。而它又充满了神秘、诱惑、温暖和爱，在我整个的童年记忆，都是带着微醺的暖意。母亲在我眼里就是个魔术师，她总是能为这个家庭带来欢乐和幸福。

家里孩子多，我们通常一件衣服能穿一整年，一年下来衣服就褪色很严重了。特别是肩膀和后背的位置，特别明显。为了让每一个孩子都能穿上新衣服，妈妈会用一个晚上的时间，把衣服铰开，上色，然后翻过来，重新缝纫。早上我们一醒，新衣服就出现啦！

尽管它依旧是用原来的衣服做出来的，但是我们也满心欢喜，非常满足。因为衣服的颜色已经是新的颜色，更重要的是已经没有补丁。除了新衣服，她也会做很多好吃的。比如黏豆包啊、黏饼子啊、炸麻花、炸干果儿、炸丸子之类，每当过年之前，妈妈会做上许多好吃的，冻在外边。东北的户外就是个天然大冰箱，每当快过年的时候，家里的零食都是很丰盛的，妈妈做了满满的美食摆在家里，我们随时都可以取着吃，这对贪嘴的孩子来说，简直是幸福的天堂。

除了新衣服，我们还有新鞋子穿。一到冬季，妈妈就会把旧的衣服拆下来做鞋底儿，所有的纸样都是她自己画的。尽管她从未学过设计，做出来的鞋子却好看又合脚。我们家里 5 个孩子，每个人一双鞋就够她忙累很久。更何况，我们几个小孩淘气，特别费鞋，又经常需要下到地里干活儿，所以妈妈会做很多的单鞋。在我印象中，她似乎就没有空闲的时候，偶尔半夜醒来，我都会见到她静静地坐在灯下，一针一线地给我们纳鞋底。

这些零碎的画面，构成了我对春节的全部记忆，是一个母亲对孩子们满满的爱意。不光是如此，父母的爱也传递给到了他们身边的每一个人。

小时候，农村经常来要饭的乞丐，他们就是为了讨一口吃的活命，所以经常背着口袋在饭点去乞讨。一般人家是不给的，即使给也就是抓一把米，或者拿一穗玉米给了他。但每次到我家，妈妈的态度是不一样的。妈妈会让对方坐下来，在家里吃点儿饭。其实我们家条件也不怎么好，每天吃的饭都是限量的。比如玉米面儿的饼子，我们是按人数贴的，如果妈妈那份给了乞丐，那妈妈自己就没得吃了。可妈妈却经常干这样的事情。

我不忍心，就说："妈，不能给人家，再给你就没有吃的了。"我妈总是说："没关系，一会儿我再做点儿。可这个人呢，咱要不给他，别人也不愿意给，那他这顿饭只能挨饿了。"不管是对要饭的乞丐，还是街坊邻舍，父母都是以爱相对。

我们家常年做豆腐，父母都是早上 4 点就起床了。冬天如果下雪了，他们就会在我们这些孩子起床前，把门前街道的雪清扫干净。不光是我家门口的这个街道，邻近的两条街道，他们也会扫得干干净净，像没下雪一样。全村人起来要通行的主干道，都是我爸妈扫的。每次我们睁着惺忪睡眼醒来，他们都是浑身热气腾腾地冒着汗回家，把活儿都干完了。

我当时就很纳闷，扫那么多街道，又不是咱家的路，多累呀？父母说，没事，我们也睡不着觉，就当运动了。那时候我年纪小，并不能理解他们的做法，因此心里经常觉得不平衡，觉得父母平白多干了很多的活儿。但是在他们的耳濡目染下，我大一点的时候，我就跟着他们一起做事了。街坊邻舍如果在扫雪，我听到了，就默默地起来，跟着一起干，雪大的时候，就用一个车把雪推到院子外，大家谁也不会计较是不是多干了活儿。

现在回想起来，这个村里不管男女老少，几乎每个人都得到过父母的关爱。春天的时候，父亲带着我去地里头除草，会顺手帮别人家的草也除掉。他说，给别人铲铲，要不然那个草一旦长熟了，草籽儿也会刮过我们这儿来，咱帮他铲了，不是也就帮了咱们自己吗？这就是父亲的智慧。他们不但默默地做事情，做完之后还让对方觉得心安理得。有时候在我看来，他们就是在帮别人做事儿，但在父母心里，他们并不是帮人，而是在帮自己做事儿。

从他们这里，我感受到，其实付出爱是一件很快乐的事情。

妈妈烙黏饼有个绝活儿。一般人都是把饼做好了，往锅里贴，然后放油。我妈不是，她先在锅里放油，然后将面团放进去，用手一点点拍，直到按成一张饼，这样里面是馅儿，外边是焦香的面，味道特别好。每次做这个饼的时候，妈妈就会让我给街坊邻舍送去。要是平时做了其他鸡鸭鹅之类，也要用碗盛上好几份，送给周边的邻居。而我作为一个送礼的人，总是充满喜悦的。炊烟袅袅中，左邻右舍在食物分享的爱中往来，画面真的是很温暖、很甜蜜。

家，其实就是一个爱的发源地，我们从爱中滋养长大，同时又将这份爱流动起来，给到身边更多的人，给到我们的下一代。

将爱无限放大，也许这才是生命的意义。

如果一个人为了生存，连爱父母爱子女的机会都被剥夺了，你怎么可能指望他去爱别人，爱社会，爱自然？你怎么可能指望他能用超出金钱的标准来衡量别人的价值？故而，我们不妨链接自己本心，一切从爱出发。

如何去爱才是关键

人类所有的心灵之苦，本质上来说都是缺爱之苦。

因为，我们所有的痛苦和烦恼，它最深层次来自从小与父母的相处和养育。有些父母想爱孩子，但是他们不懂得如何爱，或许用错了爱的方法，给我们造成了伤痛，使得我们一辈子在里面痛苦、纠结、迷茫。

我记得曾有个学员，流着泪对自己的母亲倾诉心声，祈求她不要再将自己和其他同学相比。但无论她如何向母亲哭诉自己的性格不适合持续的打压，母亲依旧不为所动，坚持说："以你的性格，不打击会飘。"

此类"狼爸虎妈"，在中国式家庭中并不少见。他们并不是不爱孩子，只是在孩子身上倾注了太多的期望，无法容忍一丝一毫的不完美。他们希望，孩子不被家庭的温暖"宠坏"，能够独立、谦逊、优秀、努力。

殊不知，持续的否定和打击，不仅会使家庭关系变得脆弱，更会给孩子带来长久的心理阴影，导致他们难以摆脱自我厌恶、自我怀疑的泥淖。而这样环境下长大的孩子，可能需要一辈子的时间去修正自己。所以，一旦我们真的明白问题的根源，我们就懂得自己并非天生如此不好，我们也懂得如何能够给自己松绑，向何处走去能解决自己的问题。

但是，很多人却意识不到自己问题的根源，在错误的摸索中，去折磨自己。为了补偿这种缺失，人们会发展出很多行为来获得爱。

比如说，变得优秀。当我们潜意识里感觉到自己不被喜欢，我们就会努力提高自己的市场价值。比如说：拼命嫌弃自己我们会每天沉浸在自责、自嫌中，希望把自己身上的缺点全部改掉。

我常教我的学员接纳自己，可只要他们还认为自己的某些缺点不被人喜欢，就不可能接纳自己有缺点。因为他们嫌弃自己的目的，就是为了扔掉自己的缺点，以避免被别人嫌弃。

比如说：努力改变自己。努力、改变、成长、奋斗，我们用很多好听的词鼓励自己改变，沉浸在熬夜、焦虑、自我强迫中，以成为优秀的样子，获得别人的喜欢。

比如说：伪装。努力是劳累而缓慢的，可被人喜欢这事不能等待。美图秀秀的伟大之处，就在于它让人们迅速展示自己好的一面，以获得别人的喜欢，这个要比努力来得快。所以别怪那些爱伪装的人，他们实在太缺爱，又没有得到。如果真实的我就可以得到爱，谁还愿意装呢？

追求优秀的过程，是焦虑的、痛苦的、劳累的，甚至有时候是抑郁的、绝望的，但很多人依然停不下追求的脚步，因为我们太渴望被爱。但实际上，我们仔细回想一下，真正的爱和被爱，都是无条件的。

我父亲晚年的时候，曾经生过一场大病，医生都说准备后事了。但我对家人和爸爸说：“咱好了，出院回家，只要认真吃饭补充营养就行了。”我开始减少工作，重视对爸妈的陪伴，爸爸顽强地挺了过来，又陪伴了我们多年。那时候我就特别珍惜和家人在一起的时间。晚上的时候，我们一家人会在一起泡脚、唠家常。我在灯下给我妈剪脚趾甲。或者将头枕在我爸腿上，说：“爸，你再给我讲讲抗美援朝呗！”

其实那些故事爸爸已经讲了很多遍，但我愿意跟他在一起，看着他在我们面前眉飞色舞的样子，内心是满满的成就感。这样充满爱意和温暖的画面，一直停留在我脑海中，也滋养了我很多年。一直到我自己也为人父，我会给予孩子无限的爱和尊重。

我的父母虽然都是农民，但是他们勤劳而淳朴，努力为了孩子创造好的经济条件。我的家庭环境宽松而温暖，我从来没有因为自己的学习成绩不好而挨骂或挨打。因此，我打小接受了这样自由的养育。结果也是显而易见的。小时候我成绩并不怎么样，但是后来却越来越好，进到单位工作也是特立独行，不随波逐流，后来创业，都是一心只做自己喜欢的事情。

虽然我很平凡，但我的人生充满了自我满足、自我肯定，而且兴趣盎然。这就是正确的爱的力量。

一个人的性格或行为模式与我们的原生家庭有着千丝万缕的联系。而这种联系有可能影响我们的一生。当我们为人父母时，我们和伴侣的行为模式又会直接影响到孩子的未来。你曾经不喜欢父母对待你的方式，可是无意识地也这样对待孩子；你曾经不喜欢父母的相处模式，可是无意识地在自己的家庭中也重复着同样的剧情。

所以，如何去爱，才是最关键的事情。

1. 学会接受

接受，意味着承认损失，承认自己过去的遗憾已经无法挽回，意味着不再以任何方式，去找寻和弥补过去的那种遗憾。

很多人说自己已经接受了过去，然而他们的行动依然显示，潜意识中他们仍在寻找弥补的方法。最直接的表现形式就是，寻找理想中缺失的那一半父母，作为自己的另一半。如果我们感觉到自己对另一半寄予了太高的期望，希望能有一个人的出现来改变自己生活里的问题，那么这种期望很有可能就有问题。

因为你在寻找的不是一个携手并肩的人，而是一个能重新让你回到孩童时代享受全方位呵护的父母。接受过去的损失，意味着我们不再期望有任何人或事能来改变这一切。再也不会有一个更好的爸爸或妈妈来帮我们把过去的路再走一遍了，再也不会有机会重新回到那一段被人无条件关爱的岁月了，我们已经一天天长大，成长为需要去关爱和照顾别人的角色。

那些关于过去的遗憾，无论程度再深，无论再怎么努力，也已经随时间流逝永远镌刻在我们的生命里。过去的创伤，于我们是一种负担，纠缠于此，只会让我们现在和未来的生活，继续染上过去的荒芜颜色。所以下一次，当我们满怀热情地对一个异性寄予厚望，认为和他在一起生活会带领我们进入一个新篇章时，不妨反省自身：是不是在幻想，这段关系可以弥补过去的某些缺憾？是不是又在将解决自己问题的责任，转移到了伴侣的身上？我是不是还是在内心深处，期盼着一个救世主？

2. 付出不是最重要的

做律师要拿律师资格证，开车必须有驾照，做老师也要考取教师资格证，但为人父母是不用拿证的，就这样做了一辈子，难道我们不需要学习吗？的确，我们不缺爱，缺的是对爱的认知的教育。因此，爱的能力没有出来。

都说孩子是家庭的一面镜子，家庭是社会的一面镜子。想形成良好的家庭氛围，那我们要努力做到：无论是亲子关系，还是夫妻关系的处理，千万不能简单地奉行，“我”都是为了你好的教条。如果真心去爱一个人，那么你所给予的，不是你觉得最重要的，而是对方内心中最需要并认可的。

请切记，傻乎乎地默默付出，只会把原本的爱变为可能的伤害。与其着急去付出，不如先懂得倾听和尊重。营造亲密友善的家庭氛围，更多要依赖于良好的沟通和持续学习。真正的爱里面包含了接纳、理解、尊重和信任。

接纳、理解、尊重我的过往、挫折、苦难，信任自己本自具足。

3. 全方位爱自己

越缺乏，越在意；越在意，越争取；越争取，越失去。其中的矛盾，看似已是一个死结。原生家庭中缺爱的人，往往在潜意识里会认为只有爱才是生命中唯一的快乐。

放下“穷人”心态，将注意力转移到外界，意味着我们要将除了别人的爱之外的内容，纳入我们的努力目标。过去单一的成就感来源，让我们仅能在别人表达爱意时感受到自我的实现，而放开这个标准，把目光投向其他的部分，则能让我们从日常所做的小事当中，汲取到所需的能量。它一方面可以使我们的发展更全面、成就更加丰富，另一方面又能大大增加自己喜爱自己、别人喜爱你的可能。

掌握一门专业技能，获得一份行业荣耀，培养一种愉悦身心的兴趣爱好，开始一项有趣的运动，甚至养一只宠物，这些都能使你的快乐来源更多样化、更全面。它们的本质都是塑造你，提升你生活的各个层面（事业、健康、兴趣、专长等），让你在过程中脚踏实地地提高对自己的认同，而非通过别人的评价。

要弥补过去爱的缺失，最好的办法就是燃起心中对爱的热情。这就像是一个在寒夜中久久独坐的人，最好的驱寒办法，是自己在原地生起一团火焰，而不是去祈祷，等待有一个路过的好心人，可以把火焰施舍于他。

在武侠小说中我们也常看到这样的道理：要让武功更上一层，主角往往要先将练功的痴心忘掉，去顺势而为地经历一些看似与练功无关的际遇和冒险。在这个过程当中，主角身边的人和事，他自己造出来的善缘，往往能成为提升自己功力的转机。

爱和幸福这些东西，就像你要去抓别人的尾巴，就算抓得再紧，别人也总有一天会离开你。不如回头看看自己，其实它一直都在你身后，如影随形，不远不近。热爱生活的人，每一天都值得赞美和欣喜，一只在树梢歌唱的小鸟,一朵形状奇特的白云,也能激发他对生命的喜爱。心中充满爱的人，也是目光非常广阔的人，他能看见前方，也能看见自己的身后。目光所及之处，皆有幸福，若是紧盯一处，便只有等这一处盛放，眼中才看见花，而智慧的人只看开花处，便心中时时刻刻都闻到花香了。

让亲密从信任的泥土里发芽

如果你的孩子一去学校肚子就疼，带他去医院做检查也没发现异样，你会怎么想？孩子在假装？还是撒谎？或者真的疼痛？但如果，这个一模一样的理由，孩子说了整整三年呢？那很多人会想，这十有八九是真话了吧。

但有一对父母却不这么想。浙江有一位 11 岁男孩莫名其妙肚子疼了三年，父母却责怪他“作”。有好多次，男孩一到学校，疼痛就开始发作。当父母火急火燎地赶去带儿子去看医生，结果很凑巧，男孩刚踏出学校没过多久，肚子就不痛了。随即，爸爸妈妈就怀疑：“这不是存心不想上学吗？”后来，简单的一轮检查下来，没什么问题，父母的想法更加坚定了。也没多思量，他们就把儿子的这些话视为“说谎”。甚至还认为孩子是“厌学”“恐学”，带儿子去了精神科门诊，可治疗多次后依旧无果。

就这样，小小的男孩在病痛带来的折磨和父母不断的怀疑斥责中度过整整三年，成绩一落千丈。后来，男孩肚子实在疼得厉害，额头冒着汗珠，痛苦呻吟直打滚。这时，父母才意识到要带孩子去做进一步的检查。最后，男孩确诊“癫痫病”。医生面前，男孩如此形容自己的痛：“像刀割样疼痛，有时一天发作两到三次，没有规律。”光是听着孩子的描述，旁边的人都觉心疼。更何况，男孩还要承受来自父母时不时的声声责骂：“你就是不想上学！”“身体没问题，那就是‘作’。”……

回想起这些，父母愧疚不已，要是这一千多天里，哪怕有一次，能信儿子一回，孩子也能少受些苦！可他们没有。不信任，被烙在了这段亲子关系里。

作为父母，很多时候，关心照顾孩子是一种本能，但要做到信任孩子，却并不容易。没有信任的爱，是一剂毒药。

信任是最好的鼓励

对孩子来说，父母是最亲近的人。最亲近的人都不信任自己，孩子的心里会觉得特别失落，自我价值感低，做事也缺乏动力。其实，信任能使人产生强烈的责任感和自信心。父母的爱和信任，是孩子探索这个世界的基础，被信任的孩子，具有冒险的勇气，不会被困难和绝望轻易压垮。

回忆我整个求学时代的生活，我一直对妈妈给予的信任充满了感激。我记得小时候，村里经常有飞机从天空划过，每次都会引得一大帮孩子跑出去观望，大家叫嚷着，艳羡不已。

有一次我们家里正在吃饭，我听到外头有飞机的声音，放下筷子就往外跑。一群孩子跟在飞机下面撵着跑，一直到看不到见为止，然后我又气喘吁吁地跑回来接着吃饭。

我妈就坐在屋里头，非常淡定地跟我说：“儿子，你不用看飞机，以后等你长大了，天天坐飞机！”

说这个话的时候，她语气里是满满的信任和坚定、平和，就好像看到了未来的我一样。当时小小的我不解，我连真正的飞机都没挨近看过呢，怎么可能坐飞机呢？但妈妈就是非常肯定地信任我。在她眼里，我所有不出色甚至能称得上缺点的地方，都是很优秀的。我小时候有个外号，叫郑老蔫儿，就是因为我不爱说话，胆子小。如果去亲戚家吃饭，我一句话都说不出来，吃菜也只拣眼前的吃。身为男孩子，这种“文静”在众人眼里成了极大的缺点，大家总是取笑我。

这种时候，我都会极为窘迫。妈妈也不辩解，而是满心欢喜地说，我老儿子将来口才“嘎嘎的”！这是东北的一个方言，形容这个人口才好。在她眼里，哪怕木讷如我，将来也是很好的。

农村收割回来的玉米秆、豆秆儿是冬天烧的柴。大家会把它们堆成垛儿，最顶上盖一些草，防止下雨或下雪天把它浇湿了。我看爸妈年纪大了，不放心让他们登高，就自告奋勇。但是我其实以前从来没干过，所以做得很糟糕。同村的人路过看到了，哈哈大笑，要是像你这么干，那不得漏雨吗？

妈妈却乐呵呵地笑，我儿子干啥像啥。

那一刻，我被触动了。我开始思考，那个人明摆着说我做的是不对的，但是我妈还是说我做的好。我是不是真的可以把它做好呢？于是，我开始在日常生活中很走心地做每一件事。自那以后，我每一件事似乎都在印证妈妈的话，真的越来越好了。虽然妈妈自己没有接受过高等的教育，但她希望我能过跟她不一样的生活。她从来没有在学习这个问题上，对我有任何压制，只因为她充分地相信我，不管在我成绩好还是成绩差的时候，从没有因此让我备受宠爱或是无地自容。我就是在她营造的宽松的家庭环境里，得以练就平和的心态，顺利克服学习中的所有困难。

信任，就是父母给予孩子最好的鼓励。

比如宝宝学走路，你应该相信他能学会，而不是处处怀疑担心他能力不足，比不上其他小朋友；比如上台表演，你应该相信他能成功，而不是表现得过度忧虑，加重他内心的恐惧。一句肯定，一句鼓励，拥有父母信任的孩子，会成长得更有底气。

心理学上有一个著名的“罗森塔尔实验”，说的是父母对孩子的信任和认同是什么样的，孩子将来的信念也就会是什么样的。父母信任孩子，认同孩子，孩子就敢于表达想法，不会顾虑能不能做好，而是敢于去探索更多的可能性。相反，父母不信任孩子，孩子会失去自我，会养成“讨好型”的性格，害怕犯错，不敢承担风险。

如果孩子长期生活在没有父母信任的环境里，总是遭受父母的否定、质疑，孩子就会有被忽视，甚至被抛弃的感觉，容易自卑、自我怀疑、恐惧，对身边的人充满敌意。

信任是一种力量

泰国有一个广告，叫《种豆芽》。与妈妈一起在菜场买菜的小女孩，看到别人家的豆芽卖得那么好，不禁也萌生了种豆芽的念头。虽家境拮据，妈妈并没有扼杀女孩的梦想，而是十分鼓励地说："我们可以试试。"让人感动的是，第一次种植失败后，不识字的母亲愿意和女儿一起看书认字学习，寻找失败的原因。

失败了一次又一次，存折的钱也在一分分减少。然而，妈妈依旧面带微笑地鼓励女儿："我们再试一次。"与女儿一起寻找解决之道，或许下次就成功了。

就是这种"试一试"，最终母女成功种植了豆芽。

女儿说："妈咪说的'我们试一试'就像神奇的化肥一样，培养着我好奇心的根源，让我的知识大树不断地蓬勃生长。"长大以后，女儿在自己的领域中取得了不俗的成绩，取得了博士学位，从事研究工作。这个故事说明，孩子的潜力是巨大的，实践证明，很多事情孩子是可以做到的，只是家长没有相信他们，没有给他们足够的机会。如果我们不相信孩子，不给孩子机会来独立完成一些事情，纵然有再多的表扬和鼓励，就算把"你真棒"天天挂在嘴上，孩子的自信也是建立不起来的。

我女儿临近高考的那几天，天天窝在家里看动画片，当时我看着心里非常着急，很想指责她。但是我转念一想，我像孩子这么大的时候，还远不如女儿优秀呢，可我妈却十分信任我。高考算是孩子人生当中第一道比较重要的关卡，我应该充分地相信她，让她自己安排好时间，调整好心态，而不是用我的经验去干涉她。想明白后，我就用非常平和的心态对待女儿的一切。

事实上，那年女儿高考发挥非常稳定，后来出国留学，成绩也是很出色的。信任是一种力量，信任是一种快乐，父母的信任，是对孩子最好的期待。

练习 3：认可父母，疗愈你的内在小孩

我们每个人都有保护自己的本能，内在受伤了，就会自己构建起自己的保护层，这是我们的盔甲，也是我们的防御机制。它是用来帮助我们免受更多痛苦和害怕的屏障。保护层有很多防御机制，我们用尽各种方法来保护自己不要直面创伤。我们努力工作，努力证明自己，努力让别人看见自己，甚至取悦别人，满足别人的期待。

我们依赖各种行为或药物，只想逃避面对更大的伤痛；我们甚至退缩不前，压抑自己的生命能量，让自己处于安全的状态。我们为自己塑造保护自己的角色和形象，我们躲藏在这些角色背后，要么变成有权有势，要么成为牺牲者，或者善于照顾别人，成为别人需要的人等。但是，也是这些层层盔甲，让我们忘了，藏在身体深处的那个小孩。它是我们最原始、最脆弱的自己，是我们疗愈自己的根源。我们生活中所有的问题，都是内在的小孩无声的呐喊。

疗愈内在的小孩，就是一条回家之路，用爱的温暖去链接自己内在的伤痛，允许自己全然面对每个片刻的发生，不要评判，不要试图改变，就是持续地关注和链接，为我们进入自己的本性打开一扇门。

当你开始链接到你内在生命中心的能量，你就会感受到一份深沉的内在变化，我们也就开始重新链接到自己的生命本源——纯真、信任、力量。

我有个学员，在他18岁那年，父母意外离世了。这场变故成了他内心永久的痛，即使很多年过去，他已经学业有成，工作上也取得不俗的成绩。可是一提到当年的事，他就忍不住放声痛哭。没办法让父母看到今天自己的成绩，是他长久的遗憾。我告诉他，想象与父母面对面，把对他们的所有思念、遗憾、批判、抱怨说出来，不要保留，全部说出来。跟父母做一次真正地告别。那场意外，其实是你18岁的成年礼，父母用另一种方式，让你得以成长，独自面对生活的种种，使你变得坚强勇敢。

同样地，所有跟父母有着种种问题的孩子们，都可以尝试与父母对话："我尊重你的样子，我也尊重你对我有担忧、有顾虑。但是，我有属于自己人生不同的追求和选择。谢谢你，谢谢你给我的一切，让我有机会做不同的事情。我真的需要你的支持。"

你不用表达你有多爱你的父母，甚至不用买东西给他们，不用赢得他们的爱，你只需要尊重他们。如果人们感受到被尊重、被认可，他们就会支持你。你要接受，自己的父母并不完美，这个世界上也不存在完美的父母，但他们是你的父母，你来自他们，这是事实。你的特质、你的能力都来自你的父母。你以为你什么事情都可以自己来做，其实不是这样的。

想象你的父亲或者母亲，此刻就站在你面前。闭上双眼，放下傲慢和自大，让自己保持谦卑和渺小，感觉自己就像一个需要父母的小孩。也许，这些年你对父母有太多的埋怨。你自以为学到的非常多，你懂得的比他们多，你比他们能干很多，这些想法会不断地涌上心头。这个时候，请持续对自己说：“我渺小，我无助，我只是一个小孩。”

父母没有办法给你他们没有的东西，所以持续地抱怨是没有意义的。假如你一直站在对抗的空间，你就会一直扮演受害者的角色。当你确实感到自己的渺小时，睁开眼睛大声地对你的父亲或母亲说：“亲爱的爸爸（妈妈），感谢你们，让我来到这个世界，这是一份宝贵的礼物，就算这是你所能给我的唯一，也已经太多，足够了。谢谢你给我生命。你不用再做其他的。”

然后尝试对他们鞠躬，表示认同，表示感谢。他们赋予你生命，这是一个事实。而生命就是你这辈子得到的最宝贵的礼物。

是的，也许某些时候你不爱他们，因为有时候他们确实没有办法令人喜欢。你只需要接受，他们就是你的父母。你不需要、更没有权利去评断他们。假如你能够真诚而且认真地去做这个练习，父母会感觉受到尊重，你也会由衷地感觉放松，一种深层的放松。你会感觉身体有一股新的力量进驻，变得更有力量。因为向父母表示认同、感激的同时，也就认同了你的一部分来自他们的事实，也就等于接受了一个完整的自己，包括一直以来否定他们那一部分的自己。

这时候的你，才是完整而强大的。

第四章 关系

如何建立让人和物流动起来的良性关系

所有的关系都是和自己的关系

在我们每天的日常生活中，几乎无时无刻不在与人接触，例如家人、同事、朋友、司机、厨师和各行各业的服务人员，借由许多人的帮助，我们才可以顺利、舒适地生活。

在这样一个群居的社会中，关系的质量很大程度上决定了生活的水平，因此与人们拥有良好的关系显得非常重要。当关系不良时，我们在人生的旅途上就会感到孤单。在快乐的时刻，没有人可以一起分享喜悦，在艰困的时刻，也没有人可以陪伴走过人生的低谷。在工作中，常觉得孤立无援，无法成就更大的事情，因为我们需要集结许多人的不同专长，才可以创造出美好的成果。

当我们想改善关系时，会试着对别人说好话，做出友好的行为，表达善意。我们对待别人的方式，实际上是反映了我们对待自己的方式。

只有改善与自己的关系，才可能与别人建立起真正良好的关系。

那么，我们与自己的关系如何呢?

现在，我试着向你提出一个问题，当你问自己“我是谁”时，你的脑海中会浮现什么答案?

可能你会说，我是某某某，我是某人的孩子，我是某人的兄弟姐妹，我是某人的爸爸 / 妈妈，我是某人的朋友，我有某些特质，我在哪里出生，我来自什么国家，我从事什么职业，我有某些嗜好，我喜欢什么……我们往往只从与某些人与事物的关系来思考自己。若是去除这些关系，例如与他人的关系、与名字的关系、与一切的关系，那么，“我”在哪里，“我”又是谁？

关系并非生命的一部分，生命即是关系。

不管是父母与自己的关系，还是伴侣与自己的关系，或者孩子与自己的关系……任何一种关系的不顺遂，都会对生命产生不好的影响；任何一段关系里有冲突存在，对生命的体验就会产生分裂，观点也会开始扭曲，导致你丧失链接，终至丧失了身心合一。

只有当主要的关系获得疗愈时，我们才有可能产生正向的思考与感受。当我们大多数时候处于正向情绪时，就会倾向选择正面观点，并且可以自然而然地与较高意识链接，会越来越向上提升，越能觉察合一感与链接感。

那要怎么做才能疗愈关系呢？

我先跟大家说说我自己的故事。在我很小的时候，我有过这样的念头：假如没有我，父母是不是可以过得更好呢？

因为当年我妈妈生我时已经 40 岁了，我父亲 47 岁。他们为了供我读书，需要不停地辛劳工作。而我的哥哥姐姐们早就结婚生子，不用他们操心了。假如没有我的话，也许他们可以过上更为幸福轻松的日子。这种念头让我产生愧疚和负罪感。

如果我就此让自己沉沦下去，我可能会自怨自艾，陷入万劫不复的深渊。值得庆幸的是，那只是一个念头，转瞬即逝，我用另一个念头覆盖了，那就是我要让爸爸妈妈，因为我过得更好。

于是我开始主动承担更多的家务，做更多的农活，每天放学把书包往家里一放就去地里挖野菜喂猪，每天扛一袋子回去。等父母忙活完回家，我早就喂好了猪、做好饭等他们回家了。

像擦地、洗被子、缝衣服这些活儿，我都学会了，干得又快又好。因为我坚信自己做得越多，爸妈的生活就会越轻松。妈妈当时总喜欢夸我说，“我这老儿子既是姑娘又是儿子。”这些转变都来自我的初心——“因为我的到来会让爸妈生活更好”，而我也确实做到了，我的生命因此变得丰盛而美好，有着沉甸甸的价值感。

其实说到这，我们不难发现：心在我们生命中扮演着很重要的角色，除非心可以合作，否则我们无法链接较高意识。在疗愈关系之后，生理的心会以相当不同的方式来回应，仿佛是心将讯息传达给了大脑，让大脑开始以不同的方式来运作。如果关系不和谐，心就无法合作，这就是我们卡住的地方。

在所有关系当中，最重要的就是与父母的关系

无论父母是否健在，无论是不是与父母同住都不重要，与父母之间的关系决定了我们往后与其他人的关系。如果你不是由亲生父母抚养长大，那这里所谓的父母是指在你心中的地位等同于父母的人。

如果对父母有任何不满，往后的人生可能就会一直带着这份不满；如果跟父母的关系良好，就会把相同的赞赏与感谢往后的每一段关系里，因为生命中大部分的人际关系都是孩提时代与父母关系的复制。

如果你很爱父亲，你可能会像他，但如果你因为某些原因讨厌或害怕父亲，你也可能会变成跟他一样。父母并不是活在你之外，而是在你里面。即使你的身体已和他们分离，即使你已长大成人，他们仍活在你的内在。

改善与父母的关系最简单的方法之一，就是开始去体验他们。如果你的父亲正在咆哮，就把他当做狮子吼般享受；若你的母亲正在做一件你不喜欢的事，就将之转换成一个美好的事物。你必须开始去体验这些事情，去经历那些对你而言可能很痛苦的时刻……这并不难，因为重点不是改变他人，而是“你”改变了。

抱怨父母是没有用的，你必须致力于处理自己。人们习惯要求他人，但这样会一事无成。你无法改变他人，你能做的就是改变自己。最奇妙的是，你若改变了，只需再等待一段时间，他人就会自动改变。

对于你与父母的关系，你唯一要做的就是改变自己，因为你没有接纳自己，也没有爱自己。而当你接纳自己时，就会开始体验你的父母，你会接纳他们、爱他们真实的样子。而不是你希望他们成为的模样。

关系改善的背后需求，是寻求独立

我有很多学生，在遇到婚姻困境的时候会跟我提出这样的诉求：

我知道这段关系不适合我，所以希望你能帮助我离开这段关系。然后，当我不断引导询问的时候，会发现她一直都在谈一个潜在的诉求：我要如何才能改善关系，或者如何才能让他更听我的。然而，下一次，她可能又会对我说：我觉得我们还是不适合，他一点变化都没有，我觉得我们还是要分开。再接下来，回到生活里，你会发现她并不会去做离开的事，仍然还是努力地改变关系。这样的循环不断重复，在现实生活中很常见，就像许多恋人或夫妻，一会儿说要分手，过一会儿又要努力在一起。

其实有不少人面对婚姻问题时，都有这样的一个困扰：在一段关系里非常痛苦，却又离不开这段关系。于是，很容易陷入结束关系和改善关系的两极摇摆：想改善，改善不了，想结束；想结束，又结束不了，再想回头改善。

那么，为什么我们对于一段关系会如此矛盾呢？实际上，关系只是一个映照，最根本的需要只有一个，那就是：要如何在关系里独立起来，让自己感觉更有存在感。在关系里想分又分不开的需要，其实是一种自我独立的需要。

我们想要努力地在关系里被看见，可是怎样都不被看见的时候，我们就会生气，愤怒地想要结束关系，来保持自己内心里值得被看见的那份信念。因为我值得被看见，我值得被你更好地对待，所以当你没有满足我的时候，我才要跟你分开。

所以，那些在关系里痛苦，想要结束关系的人，实际上是为了保存内心里一颗种子发芽的可能性。但是，如果我们真的结束关系，就好比让种子直接离开了土壤，也就真的发不了芽。这就好比，当一个小孩离家出走时，他是希望通过这个行为来展现自己的力量和强大。可是等真的离开了，自己也就焉气了，因为哪怕是坏的确认，也好过没人给自己确认，我们就会感觉到虚空和无助。

关系就像我们的根，与我们产生连接，也让我们知道自己在哪里。没有了关系的牵绊，我们就像无根的浮萍，不知道自己在哪里，也就失去了存在的意义。所以，在关系中纠结的时候，很多人都会想要结束关系，这是很正常的感觉。然而如果我们懂得自己背后的需要，就不会真的去结束关系，而是要去帮助自己内心的这颗种子更好地生根发芽。

化解内在的伤痛，关系就会自然改善

接纳自己，就是去拥抱自己内在的阴影面，面对自己内在各种不舒服的感觉，面对自己的负面情绪。当你去看见自己内在的伤痛时，一开始，你会觉得非常痛苦，很想逃开，但如果可以试着与这种不舒服的感觉待在一起，它就会逐渐地化解。每一次你经验自己内在的痛苦，它就会一点一滴地消失。

当不再恐惧看见自己的负面情绪，越来越能够面对它、觉知它、经验它，与它待在一起时，这些负面情绪就会逐渐离开，不再困扰我们。当内在的伤痛逐渐消失时，你会发现对自己感到越来越自在，因为你再也没有什么需要去隐藏的了，也没有什么需要去闪躲的了，你就能自在地做自己。当可以自在地和别人相处时，你很容易就可以与人们链接，和他们建立良好的关系。

想与亲人朋友相处好，先去掉“我”

在生活中你可能经常听到一个词叫“扶弟魔”，就是姐姐嫁人以后，对弟弟进行帮助，把自己和老公的财产无节制地给自己的弟弟，包括钱、东西、资源等，导致自己的家庭生活出现问题。

电视剧《独生子》里面有个牙科医生叫李奥，和晓丽结了婚。结婚以后，两个人的小日子过得挺不错的。后来，因为弟弟要买车，晓丽偷偷把 26 万元借给弟弟。但是这 26 万元在弟弟眼里，成了赞助，就是白给的。李奥问妻子到底怎么回事？晓丽说是赞助。李奥马上翻脸了，说我们俩夫妻财产，你一个人能说了算吗？

这个时候岳父在旁边说话了，什么夫妻财产不夫妻财产，一家人怎么能说这样的话。于是双方闹得很不愉快，最后变成夫妻离婚了。这个故事很简单，就是姐姐借钱给弟弟，最后变成夫妻矛盾导致离婚。这件事里晓丽是典型的“扶弟魔”。我们很多时候处理不好与家人朋友的关系，往往是因为出现了两个极端：第一，完全没有自我。第二，处处强调自我。

电视剧中的晓丽，就是属于第一种情况，完全没有自我。一个已经成年、有足够生活自理能力的男性，在晓丽眼里依旧是一个没有独立、需要她帮助的弟弟。恰恰是因为“我的”弟弟这个前缀，是她没办法客观对待亲友关系的根源。

当她一味地为家人付出时，就已经让自己的小家处于岌岌可危的地步，更可怕的是，她的帮扶反而会让弟弟失去原本属于他的锻炼机会，成为一个只能依附家庭、靠吸食父母和姐姐鲜血生存的寄生虫。

很多时候，恰恰是情感蒙蔽了我们的双眼，让自己没办法客观理性地对待各种人情世故。我们强调对方是“我的”父母、“我的”伴侣、“我的”孩子、“我的”兄弟姐妹、“我的”朋友等，反而导致自己做一些看似合情却不合理的言行，伤害了人与人之间的关系。

你以为你在强调人情，其实恰恰是在伤害人情。

透过情绪看清本质

我有个学员，她生二胎，结果老公因为工作原因，不能过去陪伴生产。这个女人带着大宝，在国外度过了产前产后将近半年的时间，一个人挺着大肚子去买菜，一个人度过了月子期，还要照顾大宝。与此相伴的是害怕、孤独、身体疲惫。她说，那时候老公每天都会打电话给他，问她钱够不够花，不够的话立刻打钱过去。不是不关心她，但是她每天还是很难过。一直到出月子的那一天，护工小姐给她整理好物品，送她出院，然后郑重地跟她说，您辛苦了。

那一刻，她眼泪就流下来了。她终于知道自己想听的那一句是什么。老公总是想给她钱，却让她感觉那是为了抵消他自己的愧疚感。但是她不想要钱，只是想要一种肯定，你付出了，你很辛苦。

很多女人跟丈夫吵架，并不是因为后悔自己的付出和牺牲，而是被忽视。她们的所有愤怒，其实都只是想说：求你们看看我吧，看看我的付出，看看我的疲惫，看看我的眼泪。她们哭得声嘶力竭，真的只是想得到一句“你辛苦了”。而她的亲友们，几乎没有给出任何有效的劝慰，只是很小声地说，家和万事兴，别吵了，给人听见多丢人。内心充满愤怒的她们，明明付出很多却不被领情，最后变成只会用愤怒和眼泪去攻击。

我们需要适当的“自私”

很多人常常希望恋人能关爱自己，把自己放在第一位，对我们有一些私心的偏爱，那我们首先要问自己：自己做到这样爱自己了吗？自己对自己有这样私心的偏爱了吗？有没有总是把所有的事情所有的人都放在你自己之前？

我有一个学生，她不喜欢妈妈做的饭，每次给妈妈提要求，比如想吃宫保鸡丁，她的妈妈总是不满足她，觉得她喜欢的口味对身体不好，我这个学生就很郁闷，想吃的吃不到，每天吃不好，内心有很多怨念。

我就问她，为什么不可以自己去吃宫保鸡丁呢？

学生就觉得，这样太自私了吧，抛下家里的人，自己一个人去吃大餐，花很多钱不说，她觉得独自享受不好。

我问：那整天对妈妈不满意，吃不下饭，吵来吵去，难道就好？

终于有一天这个学生下班后去吃了大餐，想吃什么就点什么，吃得心满意足，自己享受了一把。回家后看妈妈也顺眼了，也不计较妈妈做饭符不符合口味了。学会这种“自私”让她的生活变得容易了很多。她学会了在不伤害别人的情况下，最大限度地满足自己，照顾自己，这样也就不再怨念别人为什么看不到自己的需求，不肯满足自己，纠缠在关系里憎恨对方了。

自爱能力需要对共生关系的背叛，这对很多人来说就是一种“自私”的感觉。请这种人大胆自私一下，不需要内疚。包括那些不允许自己休息，不允许自己犯错，不允许自己偷懒，不允许自己有坏念头、活在教条里的人，请允许自己适度“自私”一些，这是健康需要的一些基本的能力。

给家人的帮助要有界限

家人之间大包大揽式的“帮忙”，在我身边并不少见。我们有一个邻居，作为家中最小的儿子，从小就被父母和哥哥姐姐溺爱，一直到结婚成家，都没有一份正式工作，总是向父母伸手要钱。两个孩子相继出生以后，他的哥哥包揽了孩子的养育费，还把他们送去了市里最好的小学。当时，很多人都羡慕这个邻居，有这样一个有钱的哥哥，多好！没想到，五六年过后，哥哥生意失利，收入锐减，养家糊口都很困难，更别说照顾弟弟的家庭了。这个弟弟又没有一技之长，只好和老婆在家门口摆个小摊子卖酒水零食，日子过得很艰苦。

有时候想到身边这个活生生的例子，我就会思考，这种大包大揽式的“帮忙”，对当事人来说，是福、是祸？肯定是百害而无一利的。

我们每个人，活在这个世界上，好不容易来人间一趟，都有自己要完成的使命，都有自己要承担的责任。不管前路是荆棘还是玫瑰，我们终将要独自跋涉，在历尽艰苦的过程中，成为自己的那一束光。家人之间没有原则的帮忙，看起来是好事，最后一定会变成坏事，让对方丧失了责任感。自己力所能及的情况下，当然可以给予家人尽力的照顾，这在中国人的文化传统中，一直有这样的观念。

只是我们需要有一个明确的界限，就是帮病帮困不帮穷和懒。如果只是别人眼中活的提款机，一方面是把别人养成了依附、懒惰、不思进取的人，另一方面是自己不再具备或不愿再被吸血的时候，亲情也被止损时一起切除，只剩下疼痛了。

再说另一个极端，处处强调自我。

我们的关系出现问题的根源在于，总想证明自己是对的。比如夫妻之间吵架，你会发现他们的争执总是在重复同一件事情——证明自己是对的。无论多大年纪的人，他们都想证明自己是对的。证明自己是对的的意图，就是让对方听从自己的，这其实就是一种强迫。

没有人喜欢被强迫，即使我们知道他是对的，是为我们好，但是，也没有人喜欢被拒绝。强迫对方按自己的意志行事，只会让双方的分歧倍增。当彼此都无法说服对方时，逻辑和事实变得不再重要，情绪最终会占上风，从而导致了问题自“观点层面”，上升到了“道德和人格攻击”上。

因此，对我们来说，很多争吵都是完全不必要的。我们花光了力气，不仅无法改变对方的想法，还带来了痛苦和敌对——双方都觉得自己受到了伤害，进而导致了关系的疏离。因为即使证明自己是对的，赢了吵架又如何呢？你已经输了感情。

在企业合作当中也是，我很少强调自我利益，对方会根据自己的判断给出相应的回馈。有些人可能会自私，那我合作一次之后就不会再继续了。但很神奇的是，当我去掉这个“自我”时，我反而成了人生的赢家，跟合作伙伴的事业越来越顺利，即使后面有些其他原因没有一起走下去，大家的关系也是很友好的。我们认为的“不容置辩”的事实，可能只是“局部事实”，若换位思考，你会发现那些你觉得的“愚蠢做法”，也是没错的。

汝之蜜糖，彼之砒霜。

假如有个人突然冲过来对你说，太热了我把你外套脱了，不用谢我。你是不是会觉得他不正常？你感受到了侵犯和威胁，于是拼了命地去阻止。

我们每个人都有这样一件外套。成长环境、人生经历不同，外套的样子就不同。强迫别人按照你的方式生活，就像是硬让一位身高180厘米的小伙子套上XS码的外套一样。即使这件XS码的衣服无比华丽贵重，也是这位小伙子接受不了的。

改变的这个过程，只能从内部开始，无法从外部强行打破。他人不想改变，你越用力，只会让别人越反感，甚至他会修筑起更高的心墙，来抵御你可能的侵犯。

跟家人相处，也有一些需要遵循的规则。

1. 快乐是已经付出的报答

人的大脑，比自己想得要奇妙，俗语说：人不为己，天诛地灭。但实际上人更享受的不是被给予，而是给予。所以从人性的角度来讲，有一些扶弟魔、奉献狂出现，是因为在付出的时候自己会得到快乐。重男轻女的家庭，女儿成长过程中从未获得重视，长大后很容易被家里人“吸血”，因为被“吸血”的她，有被重视和需要的幸福感。人，无论被认为是多么自私，在他的天性中显然还存在着其他一些本性，即关心他人的命运，把他人的幸福视为自己幸福的必备条件。

有这样一个实验：组织者向参加实验的人提问，你们是不是愿意收到 5 美元。毫不奇怪，所有被试者都很爽快地同意了这种意外的“奖励”。而在另一些轮次中，参加实验的人被问，是否愿意放弃部分获得的钱（比如 2 美元），如果愿意的话，某个慈善机构就能够收到 5 美元的捐赠。这个实验最令人惊讶的结果是，与不带任何附加条件地收到更多的钱相比，试验者在做出放弃自己部分收入去帮助他人的决定时，他们大脑的奖赏系统的激活程度反而更高。

所以，原本被认为“自私”的大脑奖赏系统，似乎更喜欢给予而不是索取。这个实验说明了一个道理，当你付出时，大脑已经获得快乐的奖励，无须再去向他人索取回报。再去索要，就有自私的嫌疑。

我有个学员的妈妈，从年轻时候就一直是个女强人，孩子要什么买什么，孩子要上学，找最好的学校，这些基本上都是可以理解的母爱。

不可理解的是，孩子长大了，结婚了，她跑去和儿媳妇说，以后你们什么都不用干，我给你们开一家公司，让你们什么都不干，就赚钱。

学员的老婆说了一番话，我记忆很深刻，她说，我一点也不感激这种付出。

这个女强人妈妈，沉醉于自己的付出。但真正好的教育，是鼓励孩子去勇敢、获得、给予，让孩子对自己的人生有掌控力。而她呢，在付出的过程中，体会女强人的掌控感，牺牲中带来的伟大感。最怕的是，她还索要报答，索要儿子一家的毕恭毕敬和亏欠感。

我经常提醒我自己，我对我女儿很好，如果她以后对我不好，那也没什么好失望的。因为我曾经享受过保护她、给予她的快乐。我已经被报答过了。

2. 明确彼此的界限，不要越界去控制别人

对谁好，是你自己的决定。谁对你好，不是你能干涉的事情。划清楚自己的实力范围，也明白与人的界限，你不能替别人做决定。有人逼着你去付出么？或许有，但是最后做决定的还是你自己，决定听从他人威逼利诱的也是你自己。我要对你好，然后我也要逼你对我好，这个逻辑其实是强盗逻辑。

如果一个朋友打定主意离开你，恋人背叛了你，不要再声泪涕下地去追问：我哪里对你不好，我对你多么好，你凭什么这么对我？没有凭什么，那只是别人的决定和选择，你不能强迫，对家人也不能。你必须学会认清楚，什么才是属于你的题目，不要替别人答题。

3. 学会表达自己的需要

付出有快感，容易上瘾，所以不要一味沉浸其中。前面提到的那位女强人妈妈，心里不平衡的时候会哭，说自己多么不容易，大家都对不起她。人都有脆弱和需要他人的时刻，那些习惯付出的人，平时需要帮助的时候不开口，终于开口一次，却没有被呼应，难免受伤。

有些人，这辈子无法正视自己的需求和脆弱，提起来都觉得羞愧。尤其是我们父母那一辈的人，就像电视剧《娘道》里面表现的一样，作为娘，都是无欲无求的，都是绝对坚强的。

恰如其分地表达自己的需要，是一种智慧。我们花费很多努力，想要获得幸福，去竞争，去拼命奋斗。但我们是为什么而战的呢？是为了我们爱的家人们。

一句话改变的人生

在美国有一个年轻人，27 岁依旧一事无成。他非常渴望成功，那时正赶上美国西部淘金热，年轻人很想去西部淘金，在去淘金之前，他请教一位智者，如何抓住机会让自己快速成功。智者给了年轻人一封信，告诉他，成功的秘诀就在这封信里，但在没有遇到巨大困难和障碍的时候不能打开。年轻人很感激智者，于是匆匆上路。

快到淘金地点的时候，一条大河挡住了所有淘金者的去路，很多人怨声载道，有的打道回府，有的绕道而行。年轻人这时候想起智者给他的那封信，于是他跑到大河边，拆开那封信，上面写了这样 5 句话："太棒了！这样的事情竟然发生在我的身上，又给了我一次成长的机会，凡事的发生必有其因果，必有助于我！"年轻人在河边大声地读起来，还不断用力地鼓掌。

这时，他想我不能就此打道回府呀，于是他想到一个赚钱的点子——摆渡。

于是这个年轻人用自己仅有的钱租了一条船，摆渡淘金者来赚钱。所有淘金者淘金心切，都搭乘年轻人的船到了河的对岸，随着人们纷纷过河，人越来越少，他也赚到了第一桶金。于是他把船退掉，前往西部淘金。

来到西部，年轻人通过自己的努力找到了金矿，有一天，来了几个大汉，对年轻人说："小个子，你明天不用来了，这个地盘属于我们的了。"年轻人据理力争，但最后结果是被别人痛打一顿，因为那时美国西部没有法律，解决问题靠的是武力和拳头。无奈之下，年轻人只有离开。好不容易又找到一处合适的地方，没多久，同样的悲剧再次上演，小伙子又被人打了一顿并被轰走。就这样，他刚到西部没多久就多次受到同样的欺辱。

最后一次被人打完后，年轻人看着那几个人的背影。他又想起他的"制胜法宝"，然后大声地喊起来，并一边喊一边鼓掌："太棒了！这样的事情竟然发生在我的身上，又给了我一次成长的机会，凡事的发生必有其因果，必有助于我！"

众人都以为这个小伙子被打坏了脑子，都在嘲笑他。可是小伙子没有气馁，在这之后，他突然又想到了一个挣钱的办法。西部淘金的人很多，但那时候的西部很缺水，人们喝水很不方便，于是年轻人做了一个水车来卖水。人们都需要水，年轻人的生意非常好。但好景不长，很多人都效仿年轻人用水车卖水。一天又来了几个大汉，对年轻人说："小个子，明天你不要来了，这个地方属于我们的了。"

第二天年轻人依然推着水车过来，遇到这几位大汉，结果是把他的水车砸得稀巴烂，痛打了他一顿。在当时没有法律，只有武力的西部，年轻人不得不再次接受现实，然而当这几个大汉扬长而去的时候，年轻人开始调整自己的心情，再次让自己强行兴奋起来，不断对自己大声说："太棒了！这样的事情竟然发生在我的身上，又给了我一次成长的机会，凡事的发生必有其因果，必有助于我！”

于是他又想到一个赚钱的方法。西部淘金的人由于成天在野外挖矿，衣服都极易磨破，同时发现西部到处都是废弃的帐篷，于是年轻人把那些废弃的帐篷收集起来，清洗干净，并缝制出了世界上第一条用帆布做的裤子——牛仔裤，这种衣服布料很厚很结实，不容易磨破，非常受欢迎。从此一发不可收拾，最终成为举世闻名的“牛仔大王”。成就了世界牛仔服的著名品牌“levi's”，这个年轻人就是李维斯。

每个人都有身处困境的时候，关键是你在这种状态下要停留多久，你可以让自己消沉一个月、一年甚至更长时间，但也可以立刻让自己改变，就像李维斯一样，遇到困境的时候大喊：“太棒了！”让自己情绪立刻调整到巅峰状态。因为只有好的状态，才会创造出更好的结果。

这个故事，我跟很多学员都说过，他们有些人甚至把这句话打印下来挂在墙上，每天提醒自己。其实这就相当于给自己调整心态，转换心情。在我们生活中，遇到任何不好的事情都可以看成是恩典、是礼物，只不过有些礼物外包装很丑陋。如果你把它打开来，最终一定会为它所惊叹。

同样一件事，有些人看到了它悲观、沮丧的一面，有些人却看到了它美好、积极的一面。俗话说，看到既得到。

有一次我去省城参加画展，结束时候发现车后面玻璃被砸坏了，车后座上的行李箱被偷走，里面有相机、衣服等贵重物品。虽然当时我们立马报警了，但是造成的损失已经无法挽回。当时我有点后悔，不该将东西放在车座上，露财招灾。但瞬间转念，太棒了！全换新的。

我是怎么想的呢，首先这件事已经无法改变了，这是既定事实。为一件无法改变的事继续生气，我的损失会更大。其次呢，我当时把钱包塞在座位底下，小偷可能因为慌张没有细看，所以它幸存下来了，这样我避免了补证件等更大的麻烦，因为当时我的证件、银行卡都在钱包里。最后是，我记住了一件事：不管是不是贵重物品，车内绝对不要放东西，有什么都要放后备厢，避免日后有更贵重的物资被偷。

这个事发生之后，我再也没有在车座上放过东西了。而每一个我身边的人，都会从我这件事中获得警惕。聪明的人，不会将自己的目光锁定在无法改变的损失上，他们会看到积极的一面，看到自己可以改变和影响别人的一面，这就是智慧。

我们眼中所见，就是自己的命运

比如有一个人，在春天走进一个美丽的公园，出来以后生气地说："这地方又脏又臭，我下次再也不来了！"

而另一个人也同时走进这个公园，出来后却感叹道："简直太美好了！到处都是鲜花，到处都是沁人心脾的芳香！

为什么同一个公园会让这两个人有完全不同的反应呢？

原来，第一个人进去以后发现公园里有很多狗屎，于是他为了证明这个公园很脏，到处寻找花丛下的狗屎，注意力全部放在了狗屎上，结果只看到公园的肮脏。

而另一个人却漫步公园，眼睛总是在看那些美好的植物和风景，虽然他也看到了狗屎，但他总是绕开，因为他知道狗屎也会让鲜花更美丽芳香，他将注意力完全投入到欣赏春天的生机盎然当中，尽情去感受自然与生命的美好。

这个公园，就象征着我们的世界。

这两个人，就代表了抱怨和感恩两种完全不同的思维模式，也代表了失败与成功两种不同的命运。不同思维模式会导致不同的行为模式，从而导致完全不同的人生、完全不同的命运。看到即得到。看到什么就会得到什么，其实不是知识与智商决定命运，而是思维模式决定命运。

改变自己生命的方法，就是“不抱怨”

因为抱怨是死亡的开始，抱怨最多的人将成为世界上层次最低的人，越抱怨越难过，不是生病就是招祸，嘴里不怨心里怨，越怨命运越悲惨。

不抱怨的力量有多大?

一位作家在打车时，无意间乘坐了一辆非常有特色的出租车。司机穿着整洁，车里也很干净。

他刚坐稳，司机就递给他一张精美的卡片，卡片上写着：“在友好的氛围中，将我的客人最快捷、最安全、最省钱地送达目的地。”

看到这句话，作家眼前一亮，心想，这个司机真是与众不同。这时司机开口了："请问，你要喝点什么吗？"

作家更诧异了，问道："你的车上难道还提供饮料吗？"

司机微笑着说："是啊，我提供咖啡和各种饮料，而且还有不同的报纸。"

作家兴致来了，问道："那我能要杯热咖啡吗？"司机从身边的保温杯里倒了一杯热咖啡给他，然后又递给了作家一张卡片。卡片上是各种报纸的名称和各个电台的节目单。

作家顿时觉得，这辆车太特别了，于是他没有看报纸也没听音乐，而是和司机聊了起来。途中，这位司机还善意地提醒作家离目的地还有条更近的路是否要走。作家觉得温馨极了。

于是他好奇地问司机，为什么你的车费和其他人收取的都一样，我坐别的出租车，司机都是抱怨堵车，抱怨收入，而你为何这么喜悦，而且还提供这么周到的服务呢？

司机回答道："其实，刚开始的时候，我像其他人一样，喜欢抱怨，糟糕的天气、微薄的收入、堵车严重得一塌糊涂的路况，每天都过得很糟糕。直到有一天，我偶然在广播里听到这样一个观点——如果停止在日常生活中的抱怨，能让任何人走向成功。我突然明白我目前糟糕的情况其实都是自己抱怨造成的。所以，我决定停止抱怨，开始改变自己。

第一年，我只是微笑地对待所有的乘客，收入就翻了一倍。

第二年，我发自内心地去关心所有乘客的喜怒哀乐，并对他们进行安慰，这让我收入更加翻了一番。

第三年，也就是今年，我让我的出租车变成了全美国都少有的五星级出租车。除了我的收入，上涨的还有我的人气，现在要坐我的车，都需要提前打电话预约。而您，其实是我顺路搭载的一个乘客。”

在现实生活中，常听人抱怨：我怎么就这么不走运呢，每天总有一些倒霉的事缠着我，怎样就不让我消停一下有个好心情呢，谁能帮帮我？事实上，能帮助自己的不是他人，而是我们自己。

生活中的 10% 由发生在你身上的事情组成，而另外的 90% 则由你对所发生事情如何反应决定。也就是说，生活中有 10% 的事情是我们无法掌控的，而另外的 90% 却是我们能掌控的。这 90% 的部分，就是我们的思维方式。

思维的力量有多大？它可以造就或毁灭一个人。你的想法影响你的行动，反过来，你的行为会转化为影响你在自己的领域是否成功的力量，以及影响你个人关系的质量和你如何看待整个世界。积极思考的力量不可低估。

如何驾驭积极思维的力量？

第一步就是意识到一切都取决于你，当你成为情绪的主人时，你总是可以决定自己的心态，而较少受外界的影响。对你的想法、行为和感受负责可以让你生活中的每件事都井然有序。有时你无法控制生活中发生的事情，但可以控制你对它们的反应。一旦赋予自己能力去改变你所能控制的东西，那么你就准备好了用以下方式拥抱积极思维的力量。

1. 控制你的状态

你有没有注意到，当你心情不好的时候，你的肢体语言会显示出来？当你感到不舒服的时候，你会交叉双臂，你以这样的肢体语言告诉周围的人，你感到不安、愤怒或悲伤。这会造成反馈循环，因为你的姿势会强化你不安的心态。

积极思维既关乎你的大脑，也关乎你的身体。控制自己的生理状态，并投射出积极的思维方式。调整你的姿势，给你周围的人积极向上的暗示，让他们知道并准备倾听他们的声音。试着及时调整紧张时容易表现的肢体语言，把不好的习惯扼杀在萌芽状态，比如坐立不安或扯动头发等。

这项技能需要经常观察自己，一旦你发现自己神经痉挛或开始萎靡不振，就挺直腰板。当你把身体保持在一个有力的姿势时，积极的思想将能够更自由地流动。你周围的人也会注意到你发出的生理信号，并做出积极的回应。你表现出的积极态度越多，别人对你的看法就越乐观，从而形成一个积极的反馈循环。

2. 调整心态

调整你的生理状态只是积极思维的一部分，在负面思维的开始阶段抓住负面的触发器也是至关重要的。你的心态支配着你脑海中闪过的想法，以及你对每一个想法的感受和反应。如果你的心态不好，你周围的一切都会变得更糟。

例如，你在机场，在通过安检时被不必要地耽搁了。然后，办理登机手续的航空公司服务员对你很粗鲁。另一名航空公司的工作人员无意中听到了，向你道歉，并提出要把你的机票提升到商务舱。

一旦你飞到空中，你是专注于你在机场面临的麻烦，还是对你宽敞的座位和免费的鸡尾酒充满感激？你认为延迟是浪费时间，还是花时间重新与自己建立愉快的链接？你是自动恢复积极思维的力量，还是让消极思维占据主导地位？

你可以选择关注这个或任何情况的负面或正面，但如果你选择关注困扰你的事情，它将开始对你的生活产生负面影响。你还会吸引更多的负面事件：当你怒目而视、充满敌意时，人们不会对你友好。你会忘记可以让自己处理任何情况，并开始相信积极的思维是你无法企及的。你甚至可能会惩罚你的同伴或其他人，因为他们没有达到你的期望，破坏了你们的关系，增加了更多的痛苦。

积极的思维可以绕过愤怒和不便，让你享受当下，全身心地投入其中。通过有意识地选择关注生活中积极的时刻，你将开始重新构建自己的思想，培养一种感恩和开放的心态，而不是消极和封闭的心态。

3. 研究你的习惯，养成新习惯

如果你没有意识到已有习惯的不好，就不可能养成新的好习惯，也不能利用积极思维的力量。有没有什么事情让你陷入自我怀疑的负面旋涡？你对事态的反应是公开的还是利用防御机制？如果有，它们是什么?

也许每当你开始考虑升职时，你就会变得焦躁不安。你的想法把自己带到一个黑暗的地方，积极的想法就会被抛诸脑后。你计算了一下自己在公司工作了多久，然后开始思考为什么你还没有升职。你的老板是不是知道什么你不知道的事？也许他们认为你不能胜任这项工作。你开始质疑自己的综合能力，然后想知道你是否会在自己的领域里晋升。也许你应该退出……

想想你退回到这个负面习惯上所浪费的全部时间，自我怀疑几乎总是植根于恐惧——通常是对失败的恐惧。尝试并失败似乎是无法忍受的，所以你的大脑会想出各种各样的理由，为什么你甚至不应该努力。如果你屈服于这些消极的想法，你可能不会失败，但你会停滞不前，这会更糟糕。正如托尼所说，“如果你不成长，你就会死去。”如果尝试过但失败了，至少你可以学到一些东西。如果你停滞不前，你就不会成长。

如果你不再沉浸在消极的想法中，而是重新集中精力，养成积极思考的赋权习惯，用积极的想法来阻止消极思维的螺旋式上升。如果你能够在消极思维模式失控之前将其切断，你可以转而回忆积极的肯定。通过训练你的大脑用积极的思想来阻挡消极的想法，你就是在稳步地训练自己停止消极的思维方式。恐惧不会再主宰你：这就是积极思考的力量。

4. 仔细选择你的用词

积极思考的一个基本习惯是变换你的常用词语。你选择的词语，无论是在谈话中还是在你自己的脑海中，都会对你的心态产生深刻的影响。研究发现，积极的自我对话可以改善心态，帮助人们调节情绪等。你在谈话中选择的词语会影响其他人对你的反应，这再次造成了一个反馈循环，既可以是积极的，也可以是消极的。

在选择不同的词语之前，需要认识到你已经在使用哪些词汇。注意你在谈话中是如何给事物贴上标签和描述的，特别是你自己的情绪。你是真的“害怕”那个大型的工作演示，还是只是有点紧张？你是真的对你的同伴“生气”，还是对他们的坏习惯有点恼火？当你变换你的常用词语，不使用情绪化的词语时，你会发现你的心态变得更加积极。

许多人发现，写下他们发现自己整天都在使用的负面词汇是有帮助的。对于每个否定的单词，在它的旁边写一个积极的选择。把这些选择留在脑海中，以便下次使用。你觉得积极思考的这一方面是压倒性的吗？从你生活中导致负面想法的一个方面开始，比如工作或你的人际关系状况。在那些时刻抓住你自己，然后从那里开始改善。

比如前面李维斯创办人的故事中，一句特别有魔力的话语便是“太棒了！”这就是一种充满积极暗示的话语，可以让我们及身边的人获得力量。

5. 看看你钦佩的人

想一想对你的生活产生深远影响的人。可以是亲密的朋友、家人，也可以是你从未谋面的人，比如名人、职业运动员或著名的企业家。

那个人的座右铭是什么？他们积极的思维习惯，使他们能够创造非凡的生活吗？

很有可能，他们会利用积极思维的力量来找到他们寻求的成功，那你也可以。当你觉得自己陷入了负面习惯，似乎不太明白如何积极思考时，引用一句你尊敬的人的话，反复阅读它，并确定如何最好地体现它。你甚至可以把它写下来，贴在你经常看到的地方，比如冰箱或者电脑屏幕的一侧。如果你钦佩的人是你认识并认为是导师的人，那就更好了。拿起电话，请他们分享一些积极的想法。

积极的思维能改变你的生活吗？

是的，积极的思维可以改变你的生活。积极的思维可以帮助你减少孤独感，甚至更多。但是，积极思维最能改变生活的作用与吸引定律有关。这就是你专注于什么，你就会吸引什么。你脑海中始终保持的东西，也许就是你在生活中将会经历的。

当你专注于消极的时候，你会体验到更多的消极。但是，当你专注于积极的一面时，整个世界就会向你敞开大门。

归属感，是一个人远行的力量

你属于所有地方，而不是某个地方

有句话是这样说的，只有当你领悟到自己不属于任何地方时，你才是真正自由的——你属于所有的地方，而不是某个地方。到达这个境界的代价很高，但收获巨大。

小时候我不爱说话，性格安静甚至偏内向。左右邻舍跟同学都会笑话我，说你一个男孩子怎么跟小姑娘似的呢？在大家印象里，男生就应该活泼大胆，就应该调皮捣蛋，这是一种聪明的表现。但是我母亲并没有要求我有所改变，她并不认为我跟别人有什么不同。

这可能是我在很小时候从她身上得到的最宝贵的礼物——认同自己。而这种自我认同，就是我们归属感的根源。

回想起来，这恰恰是我们很多人身上所欠缺的。

看过这样一个故事，有个小姑娘在 6 岁生日的时候，阿姨送了她一个五颜六色漂亮的儿童自行车，在 20 世纪 90 年代初，一个三线小城市，大多都是那种又大又笨重的老牌成人自行车，清一色的黑白灰。这辆漂亮的小自行车，成了沉寂颜色中的一点红，显得格外的耀眼。

每次她推着自行车出门的时候，都会引来很多人的注目，路上不断地会有人停下来跟她说话，更有很多小朋友跟自己的家人吵闹，哭喊着要同样的车子。本来这是一件很自豪的事情，但是这却给她带来了羞耻感，推着出了两次门之后，她就锁了起来，再也没有带出去过，反而经常骑着妈妈的那辆灰色的老古董出门。

在之后很长的一段时间里，她都没法跟家人解释，为什么当初不要那辆漂亮的车子，也没有办法解释那辆车子带给她的那种羞耻感。

有过类似经历的人可能会非常理解她，我们小时候曾经买东西都喜欢买跟别人一样的，不一样的东西就不要。尽管有的东西非常好，但是因为与众不同让我们变得跟同学不一样了，我们即使很喜欢，也会把它搁置起来，只是为了让自己不跟别人不一样。

这个小姑娘当时用力抗拒的那种羞耻感，其实就是一种“我是特别的，我跟别人不一样”的感觉，那是一个孤独的位置，让她感觉到自己不属于任何一个群体。很多人可能都能从她身上看到自己的影子，看到那个曾经努力地想要撕掉“我和别人不一样”标签的自己，只为了获得更多的认同，归属于更多的群体。

小姑娘在幼年时候无法处理这种情绪，因为她心理不够强大，也缺乏成年人的正确引导，但是很多人成年后，却依旧在害怕这种“不同”。

有些人费了很多精力，想尽各种办法试图融入某个群体，比如让自己变得更加优秀以获得他人的认可；或者掩饰自己的喜好，去迎合某种身份。

心理学家将这种行为称为缺乏归属感，因为：“人们大都害怕‘被抛弃’，为了避免这种糟糕的感受，他们会做任何事情。”这种“被抛弃”的感觉其实就是所谓的缺乏归属感，每当到一个新环境的时候，我们就会有这种感觉，然后我们为了融入这个新群体，会通过牺牲和妥协去适应，以获得短暂的安全感。

但是时间一长，那种“被抛弃”的感觉又会卷土重来，心中就像有一个填不满的黑洞，让你惴惴不安，对自己不满。比如当人们30岁还没结婚时，就会非常强烈地体会到一种感觉，回到家被父母嫌弃逼婚，在家里我们找不到归属感；在朋友中，她们大多都已经结婚生子，有了属于自己的家庭，孑然一身的我们在朋友中也找不到属于自己的位置；在社会上，这个群体也被当作异类一样，人们会用异样的眼光看你，让你觉得无处可逃。

这时候有些人的归属感几乎为零，他们可能是为了努力地像大家一样去接受相亲，去尝试与自己并不是很喜欢的人进行交往。可是后来你会发现，这种强行融入得到的归属感只会让自己更加孤独，于是很多人又恢复了独自一个人，虽然偶尔会孤独，但是大多数时候人们依然活得很满足、很快乐，这时候我们大概才真正明白什么是归属感。

归属感不是为了迎合别人而委屈自己，不是为了让他人满意而磨平自己的棱角，藏起自己的个性，努力把自己活成别人喜欢的样子。

真正的归属感应该是勇敢地做自己。即使这样会失去一部分所谓的朋友，即使这样会成为异类，但是至少我们忠于自己；真正的归属感不是被动的，不是加入某个群体获得的那种归属感，也不是委屈自己、掩饰真实的自己去适应某一个群体——虽然这样做的确能带来一些安全感；真正的归属感要求我们可以是脆弱的、感到不舒适的，还能让我们在与人相处时不用牺牲自我、虚与委蛇。我们需要真正的归属感，但明知困难重重，还毅然前行，这需要巨大的勇气。真正的归属感不是你跟外界讨价还价得来的，它是你内心深处具备的。

当我们明白了这一点，对于之前那些曾经发生的事，再看起来就会是另一种景象。之前我们可能觉得自己其貌不扬，孤零零绝望地站在这个世界的外围，跟一切都格格不入，找不到属于自己的位置。

但是当我们明白了真正的归属感之后，就会看到孤单的对立面，也许你朋友不多，但是你工作出色，也许你 30 岁了还没有结婚，但是你却已经有房有车，衣食无忧。

虽然道理很多人都懂，但是我们大多数时候仍然无法摆脱“想成为某群体的一分子”的想法，以及想要“同伴”的渴望。其实，同伴不在于多少，而在于真正地懂你，比起一群并不理解你的人，也许一两个真正懂你的人更有价值。

缺乏归属感的本质，就是无法认同自我

我女儿上小学的时候，我还在村里当老师。当时的教育资源非常有限，往往是一个老师教两个班级，同时上课。因为当时普遍这种情况，我并没有太放在心上。结果到女儿小学三年级放暑假的时候，我发现她养成了很多习惯，比如走路的时候喜欢背着手，像个小老头似的，胆子特别小，不爱说话等。我就观察发现她的班主任老师已经五十多岁，

快要退休了。孩子一举一动都是在模仿自己的老师。

我心里就有些着急，如果这样下去怎么办呢？于是我找乡所在地的中心小学，打通好关系，准备下学期的时候将女儿转学过去。但实际执行起来就有些困难，因为中心小学离家里差不多1.5千米的距离，我又在乡中学教学，村里有地没办法搬家。我想，要不让孩子自己锻炼一下。于是我给她买了辆新款的小自行车，她非常开心。开学的时候我就问她，咱们换个学校上学怎么样？女儿就害怕了。因为她平时胆子就小，连看到小猫小狗都会怕。更别提让她自己一个人去几里之外的学校上学了。

当时我的爸妈其实心里是反对我的决定的，他们觉得我这样放手教养孩子简直残忍，可我想孩子就应该学会独立，才能有更好的未来。于是第一天，我陪着她一起骑自行车去学校。她内心虽然有很多恐惧，但在我的鼓励下还是硬着头皮上了。

结果放学一回来，女儿整个人就兴奋无比，丢下书包就去找以前的同学炫耀：你知道吗？我们学校四年级有两个班，好几十人，有早自习，有早操，有课间操，还有眼睛保健操。不同的课有不同的老师上……

我女儿原本是很内向的，可是换了个环境后她竟然像换了个人。从小学四年级转校开始，她的胆儿明显大了，路上一个人骑车上学，总会有人夸赞说，这小姑娘多棒，这么小就这么独立。这些赞许肯定的话反过来也会影响到她，于是她的胆儿越来越大，人也越来越自信。

到后来，她选择自己报考动漫设计专业，去日本留学，都是一个人去做决定。可以说，女儿的自我认同，是从转变环境后开始的。她不再害怕跟别人不一样，反而是追求这种卓越。

所以我时常劝我的学员们，想让自己的孩子独立，那么就让他独自出门远行一趟，环境对人的影响是巨大。如果他能从内心获得这种自我认同的归属感，那么不管远行去哪，他都能获得强大的力量。

如何获得自我认同?

先看看自己的自我认同度如何，你是不是经常有这样的心理：

走在路上，一有人看你，就会开始想是不是自己的衣服或妆容很奇怪；在一次面试中失败了，就很气馁，觉得自己很差劲；遇到优秀的人对你有好感，第一反应是自己配不配得上他；常常觉得自己有很多问题，远远不够好……

如果你总是有以上这些想法的话，那你可能对自己的认同感比较低。我们怎样才能把对自己从画叉叉转变成画勾勾，提升自己的自我认同度呢？下面我给大家几个建议，你不妨从以下几个方面做些努力：

1. 重复练习加强自我信念，接纳曾经的创伤

每个人的成长过程中，都会多多少少有一些创伤性的体验：有一个不爱自己的爸爸、有一个很焦虑的妈妈、谈了一场痛彻心扉的恋爱、经历了历时很久的失业……

如果没有及时地处理好这些创伤，这些糟糕的经历，有些时候会

通过潜意识，内化为我们自我认同的一部分，然后它会在我们的体内持续发酵、兴风作浪，让我们把大部分的能量都浪费在自我怀疑之中。所以想提高自我认同度的第一步，就是真心地接纳这些发生在我们身上的不美好。我们没有办法重新选择父母，重新经历成长，但是我们时刻都有选择权，对这些不美好的过去，说上一句：没关系，我接纳你了，你也是我的一部分，你让我变得与众不同。

每当你产生自我怀疑的时候，如果你不能找个朋友陪你聊聊，不妨都这样和自己对话：大脑的重复性训练会帮助我们形成记忆，这样的重复性训练，可以有效地帮你完成对过去的接纳。

2. 创造性地提问，找寻真实的自己

我们之所以会自我怀疑、认同度低，很大一部分原因，是因为我们所有的努力，都是在以外界为标准，去弥补某个隐存的黑洞。所以，要提高自我认同度的前提，你要清晰地知道自己是谁。除了原生家庭塑造的一部分自我，我们也会经历“社会化”历程完善自我的价值体系。所以在你接纳了原生家庭的自我之后，不妨通过创造性的提问，来找寻一下真实的自我到底是什么样的。

创造性的提问可以是：

我是一个人待着更快乐，还是和朋友们在一起更开心？

我是更喜欢在家庭关系中的我，还是更欣赏职场中雷厉风行的我？

我愿意成为领导者，还是配合者？

日常的物质生活更能让你满足，还是深邃的精神探索更能让你快乐？

……

通过这样的提问，你可以大致勾勒出自己的真实拼图。接下来，你需要鼓起勇气去成为自己拼凑出来的自己，一旦你这样做了，你内心的小人就会自成一统，不再打架了。

3. 持续不断地去喂养你自己

自我认同并不是一蹴而就的事情，从自我怀疑到自我认同的路上，很可能是一段反复重复的过程。面对这种情况，你需要做的就是拥有耐心，持续不断地去喂养你自己，等着变强大。譬如说当你习惯性自我批判的时候、当你忍不住大发雷霆的时候、当你不懂拒绝别人的时候，你都努力去戒掉自己的惯性，换一种方式对待自己：把批判换成肯定，把愤怒换成找寻自己的真实需求、把不懂拒绝直接换成说“不”。

这种戒掉惯性，实际上就是在有意更改你操作系统里那个糟糕的部分，而是欢迎更有营养的方式，来喂养你自己。

当那个被你喂养的自我逐渐丰满起来的时候，蜕变也会自然而然地发生。最后，你会发现：即使我不成功、即使我很普通，但只要我找寻到了自己，真正地开始爱自己，我就配得上所有的赞颂和欢呼声。

蜕变，从自我突破开始

压力还是助力？

一条毛毛虫在枯叶上蠕动，身后留下一道晶莹的黏液。

深秋傍晚，风吹得林中树叶沙沙作响，它将枯叶高高地卷起，又重重地抛下。毛毛虫抬起头，深秋了，它要爬到树的高处，去那儿结茧，在那儿羽化成蝶。它开始了漫长而又艰辛的征程。一次又一次地嵌入枯裂的树皮中，又一次次挣脱。虫儿奋力地爬着，腹部如烈火灼烧般地疼痛，甚至流出了绿色透明的液体，它们不会凝固。

夜晚来得很快，只忽地一会儿，就将虫儿包围在浓重的暮色中了。虫儿停下来休息，它朝四周看看。树干墩实粗壮，和着泥土，原来它还在树基处。它叹口气，前方的路满是荆棘。

不知过了多久，晨曦微露。虫儿终于爬上了树顶，它吐丝、结茧，茧中的它无比激动。是啊，只有结茧，它才能变成蝴蝶，只有结茧，才能在天空中自由飞舞，只有结茧，才能破天。

于是它开始漫长的沉睡。

直到有一天，一股周身的疼痛使它昏晕的头脑开始清醒。背后如刀割一般撕裂开来，这种疼痛让它不堪忍受，毛毛虫一次又一次地疼到昏厥，又一次次从疼痛中惊醒。难道，要死了吗？毛毛虫奋力扭动着身体。不，毛毛虫不要死在这里，毛毛虫要变成蝴蝶，毛毛虫是天空的朋友，毛毛虫要自由飞舞在天际，毛毛虫不能死在这里！它使尽力气撕开茧，一道亮光直射进来，毛毛虫用背部挡住刺眼的光芒。天空好像俯下身来，将毛毛虫托在半空。毛毛虫睁开眼，它惊奇地发现，自己，竟然成了一只蝴蝶！双翅上有大块金色斑纹，在阳光下闪闪发光。

人群中有人喊："看，那只蝴蝶！"只见毛毛虫展开双翅，一飞冲天，像一道金光划破天空。

但是另一只毛毛虫的命运却截然不同。那个蝴蝶茧刚刚结束了封闭的状态，在茧的一端张开了一个小小的洞。有个人闲来无事，坐在一个角落里静静地观望着面前一个普通的蝴蝶茧。这只蝴蝶挣扎数小时了，就是为了让身体挣脱那个小小的洞。然而一切都是徒劳，蝴蝶没有破茧而出。茧里的蝴蝶安静下来，好像它已经用尽了所有的力气，无法再做任何努力了。

于是，这个人决定来帮助这只可怜的蝴蝶，他拿起一把剪刀，把茧剪开了。蝴蝶轻易地出来了，可是蝴蝶的身体干瘪，翅膀无力。帮助它的人想：一会儿会好起来的，它的身体慢慢地会变得饱满有力，翅膀会变得坚强，会让它飞向花丛林间。可是过了一会儿结局并不像那人想象的那样。这只可怜的蝴蝶终身只能爬行，永远不能飞翔。

原来蝴蝶必须通过艰难的"破茧"过程，只有不屈不挠地让身体通过茧上的那个小小的洞口的过程，才能使身体和翅膀变得强壮，这样一旦破茧而出，蝴蝶便可以飞翔。那个人的善举破坏了蝴蝶努力的过程，毁坏了蝴蝶的一生。

这个故事对我的触动非常大。生命诞生过程中的挣扎，是我们必须经历的。人要成长，就要不断地磨砺自己。这就像人类锻炼身体，高强度的锻炼之后第二天，换来的是肌肉的疲劳、免疫力下降。而四五天后肌肉开始修复，反而会变得更加强大。

一个人真正的蜕变是从什么时候开始的？

从自我怀疑开始。只有在认识到自己不足、扛住外界的压力和打击后才能去改变。这是一个痛苦的、打破你对世界认知并重塑自我的过程，而这一切取决于我们面对外界压力时候的态度。

人的意识觉醒也似破茧成蝶的过程。只有挣破禁锢的枷锁，才能有独立的意识，不再盲从，不再麻木，保持思考，与内心对话，与世界交流。然而这个破茧而出的过程，必然是一个痛苦的过程，可能会像撕下身上鳞片那般疼痛不堪，甚至血肉模糊，一旦实现了这个蜕变，你就会如同花丛中的蝴蝶，活出人生的精彩，活出生命的意义。如果你畏惧这个过程的痛苦，其实也无妨，那就躲在密封的茧壳中，虽然浑浑噩噩，但是也会感觉舒服，不过永远如同一只蝶蛹，永远领略不到蝴蝶世界的精彩纷呈。

倘若化蛹的毛毛虫只蜷缩在温暖的茧中，那它就永远不能体会到飞行的真谛；倘若落土的种子只知道保全自身而不勇敢地冲破土壤，那它就永远不能享受到阳光洒下的恩泽。唯有冲破固有的茧，它们才能获得重生。

从外打破是压力，从内打破是成长

我小时候家里养鸡，每一年都会孵很多小鸡。妈妈会把鸡蛋放在炕头上，用人工的方法把鸡蛋变成小鸡。更多时候是采用传统的方式，就是母鸡趴在鸡蛋上，用自己的体温孵化出小鸡来，这个过程得二十多天。

等到小鸡快要破壳而出的那几天，妈妈就会不分白天黑夜地守着，精神非常紧张。因为这个时候温度极为关键，既不能过冷也不能过热，就像人生小孩一样，需要有人陪伴和照顾。

那时候我年纪还小，就围在旁边观察。我发现里面的小鸡在快要出来的时候，会用力地顶破这个蛋壳。有一次，我看里面的小鸡实在太辛苦了，就忍不住想帮忙。我刚一拿起鸡蛋，妈妈就劝阻我说："儿了，快停下来！"

我不解："我帮忙，它不是可以更快出来吗？"

妈妈告诉我："你帮忙它反而出不来。因为靠你帮忙出来的小鸡身体很弱，没有力量，最终也长不大，它必须靠自己的力量才能出来。"

妈妈的话让我陷入沉思，我仔细观察发现，很多事真的只能靠自己才能实现自我突破。那些最终没有力量突破自我的鸡蛋，用我们的方言叫做寡鸡蛋或石鸡蛋，最终只能做菜。鸡蛋从外面打破是一盘菜，从里面打破是生命。生活也是如此，从外打破是压力，从内打破是成长。如果你等待别人从外面打破你，那么你就注定成为别人的食物。如果你能让自己从内打破，那么你会发现，每次打破都相当于一次重生。

自我链接，我呢？

我们不妨看看鸡蛋是如何变成小鸡的，它需要两个条件，第一是温度要在 37 摄氏度左右，第二是时间要有 21 天。具备这两个条件了，如果这个鸡蛋是受精卵，它就有可能变成一个生命。我们试着链接一下自己，生命何尝不是如此呢，把那个蛋壳当作我们生活中遇到的困难或阻碍的话，只有靠自己的力量冲破外界阻碍了，我们才有可能重生，才能够换个活法，从那盘菜变成一个生命。

1. 想要突破自己，你首先得是颗“受精卵”，你有这个能力突破自己。这就是我们对自己的认知，明白自己的优势和特长所在，抛掉不切实际的幻想。就像你不能要求自己从一颗鸡蛋受精卵变成一头小羊一样，你需要清楚自己的定位。

2. 保持热度。孵化的过程，就是我们抵御压力、努力蜕变的过程，想要让自己的生命有质的改变，热度是不能少的。

3. 坚持。就算你先天优势有了，努力也有了，但是如果不能坚持下去，你依旧可能是一颗没有声响的“寡鸡蛋”。做任何一件事情，都是靠时间慢慢积累才能产生变化的。当我们感觉自己没法坚持，失去力量的时候，不妨想想这颗鸡蛋，里面的小鸡正在努力顶破这层壳，如果没有成功，我们就只能是一盘菜。

为什么自我突破十分困难?

寻求自我突破的过程，本质是一个把“不确定性反馈”变为“确定性反馈”的过程。就像每一个减肥的人，都梦想获得一个“确定一个月就能瘦 15 公斤”的方法。如果你正在尝试创业，肯定也渴望得到一个“确定创业成功”的技巧。所以你会付出行动，不断尝试。但所有的改变，都可能遭遇两难问题：

1. 内部反馈的乏力

你尝试做了一个视频号，一开始你自己会感觉成就感特别大，自己都暗自佩服“原来我也能做出这么有创意的视频”，家人朋友也会惊叹你能做出这么精彩的故事来，积极地给你许多反馈。所以你很有动力去写每一篇。

但随着时间的推移，无论你自己或身边人的对于这种新鲜刺激逐渐变少，形成了对数增长的效果（一开始增长明显，后来趋于平缓）。

几乎所有的内部反馈都是如此，比如健身、学一个新的技能，刚开始的改变会很大，但会迅速进入瓶颈期。

2. 外部反馈的不及时

如果我们从内部反馈中得不到有力的反馈，我们就会寻找依赖外部反馈。

比如你视频号的粉丝的反馈，但这往往是一种指数增长的模式（一开始增长平缓，到了某个节点后增长明显）。再比如你尝试改变你孩子的坏习惯，一开始的效果反馈并不明显，到后面才会更好一些。但多数人的自我突破就倒在内部反馈耗竭，又迟迟等不到外部反馈（拐点）到来的那一刻。

如何快速突破自我？

我们每个人都有可能成为别人眼里的某个权威或大咖，掌握一项“独门绝技”。但是怎么达到这个目标，很多人都是茫然的。有些人为了知晓甚至付出很高昂的代价去学习转化为自我的方法。事实很残酷：那些大咖们的技能也许仅仅只适合他们自己。

幼年时候，几乎每个男孩子都喜欢看金庸和古龙的武侠小说，幻想着自己长大后也可以仗剑行侠天下。不知道大家发现没有，在里面的人物都有自己的独门绝技才成就自己的江湖地位。如果能掌握合适的方法，我们寻常人其实也可以通过改善练习，获得自己的“独门秘籍”。

1. 关闭手机 App 推送通知

不要让各种信息去影响你的关注力，因为你每天能聚焦的时间毕竟有限。如果真的是非常重要的软件，想必你每天都会自己点开去查阅，所以无关紧要的通知尽量关掉，避免影响自己。

2. 每天定三件重要的事，尽可能搞定

有人会在头一天晚上规划很多事情，到第二天晚上发现实际完成的很少。这是因为：每天的时间有限，外界干扰的不确定性，事情难度预估性等。最佳的方式就是集中主攻最重要的三件事。不贪多，但求尽力完成。比如：坚持跑步或健身、坚持晨读或夜读等。

3. 定期清理

手机上半年都用不到的 App，电脑、硬盘里所谓从来都用不到的干货资料，自己那些想穿但已经穿不上的衣服，已经看过但不具备收藏价值的书籍、期刊，一堆没用的数据线和过时的电子产品……总结一点，不能使用或失去使用价值的一律清理或送给其他人。你会发现没有那么多杂物，生活变得简单多了。

4. 不懂就不懂，别不懂装懂

人非全能，神仙都在幻想里。作为讲师，我经常收到一些问题，属于专业领域可以解答的，我都会抽出时间回复，但遇到超出我能力范围的，我只能请对方上网搜索，或者请教专业人士。不懂就不懂，没人是百事通。我遇到不懂的领域或知识怎么办？通常不会含糊不清，第一，上网查；第二，知乎问；第三，寻购书籍；第四，线上付费问专家。这一系列的操作，可以让我从完全某个领域的小白快速建立起该知识的架构和体系。

5. 要行动而不是总在准备

身边听到最多的话：等条件合适了，等时间到了，等资金到了……时间和机会不是等条件都具备了你就可以驾驭完成。人生不是烧饭，等一切都准备好了才下锅根本不切实际。如果你规划想做什么，只要内心愿望足够迫切，那就立即行动起来，完美主义只会阻碍你前进的步伐。不然到头来看到别人成功了，有人总会说几年前我就这么想了。

我在农村教书的时候，我们家的房子永远是村里最干净漂亮的。其实当时我收入不高，但是我就想装修好自己的房子，让父母住得舒心，这种强烈的愿望支撑着我的行动，我也确实实现了。后来我去学教练课程、去创业，其实在金钱和资源基础上都是不成熟的，可我先迈出了这一步，后面才有机会获得成功。

6. 降低对别人的期待，不要有讨好型人格

每个人在人生低谷的时候都期待获得别人的安慰，现实中人和人之间差异之大，很难有感同身受的体验，都说人类的悲欢并不相通，你的期待有时候反而成了别人的困扰。所以，不妨降低和放下那份对别人的期待，不用总想着别人能给你什么。没有这些期待，烦恼会减轻不少，人生会过得更轻松。

7. 专注一个领域，坚持复盘更新

过去我们习惯性的思维是短板补缺思维。理解为短板是最需要用力去补缺的。因此，很多人什么都学一点，什么都懂一些，花费不少时间不说，最重要的是没有一样是精通的。

对于个人发展，真正有用的思维其实是：聚焦自己的长板思维。专注并深耕某一个领域，投入足够多的精力和资源，时间久后总有一席之地。复盘真正的价值是帮助我们未来走了弯路后能及时自我检视知晓自己的问题所在，而不是什么领域都想涉略。

8. 持续输入高质量信息

我们每天被各种信息所困扰，一个人一旦每天都在抖音、快手、

淘宝、京东、追剧中，你会发现自己变得越来越浮躁，思考模式永远是在底层阶段，时间越久人生越迷茫，上当受骗就不足为奇。

作为普通人，我们最快成长的方式无非两个：第一个，参加社群和各类学习讲座；第二个，多读书，读点好书。当别人沉迷于各种娱乐和颓废中时，你在努力地成长。你现在付出的努力都在为你将来的知识储备、思维突破、综合思考能力在积极地蓄能。坚信有一天你曾经的付出终将有回报！

9. 不因小事消耗人情

小事请人帮忙，很多人完成后往往忘了及时给人积极的反馈。于是很多人认为这件小事对于对方而言或许就是举手之劳，根本不费什么力气。但往往就是因为这样的小事最容易让对方关注和印象深刻。

举个例子：有一位学员每次遇到困惑后请教我，在得到我的解答后都会发一个红包，虽然我从来不收，但在众多的学员中我对他的印象特别深刻。这就是一个人情商高明之处！千万记住：别在小事上消耗人情，也别认为别人对你的帮助是理所当然的，懂得感恩才能走长远。

10. 通过多设里程碑，完成艰巨的目标或任务

我们在达成了某个目标，比如考了一个好成绩，学会了一个新技能，通常会感到非常荣耀和有成就感。但很多时候，目标的达成并不容易，经常在达成目标的道路上半途而废。所以我们可以反过来，也就是通过“打造荣耀感”来帮助我们达成目标。

而给目标设立多个中间里程碑，是一个超级实用的获得荣耀感的

方法，也是我们完成任务常用的方法，我在跟自己的学员讲课时也多次提到过。

把一个大的目标或者一件复杂的事情，拆分设置成多个中间里程碑，每完成一个小目标，或到达一个里程碑的时候，都会让我们觉得自己取得了进步，很有成就感，从而增加荣耀时刻的数量。相对于遥远的最终目标，每个小目标看上去都是近在眼前，这会激发我们完成目标的积极性。这种现象被称为“里程碑效应”。

里程碑的应用无处不在，比如游戏，游戏中会有一个一个的小任务，每完成一个都会给你一种成就感，且会得到相应的奖励或者喝彩。通过一个个小任务，最终完成主线任务，获得一个更大的奖励、更多的荣耀感。

而我们在学习新技能、面对大任务的时候最好的方式就是设置里程碑，通过里程碑让我们克服一个一个的难关，最终掌握新技能。拿学习“快速阅读”的技能来说，从最初一眼看一个字的习惯到一眼看五六个或十余个字，再到整体感知、眼脑直映，快速看清并理解文字等，每一步都要花上一些功夫。很多人在学习新技能的过程中因为遇到一点困难就半途而废。但如果在学习的过程中设置多个中间里程碑，结果会大不一样，比如：把第一级里程碑设成搞清楚快速阅读的训练原理和方法，增强自己能学会的信心；第二级里程碑设成每天按要求坚持练习一小时“精英特快速阅读软件”，保证一个训练时间；第三级里程碑设成练习精英特快速阅读软件一个月，掌握到两千字每分钟的等级（软件是有等级设置的，用等级或每个训练的要求做里程碑也可以）；第四级里程碑设成找一本自己想读但又不是很难的书籍，然后用自己已经掌握的快速阅读的方法完成书籍阅读……这样一级一级下去，最终达成最终目标。

练习 4：升级与他人的关系

我们和他人和这个世界的关系，是相互影响、相互塑造的。

先来看一个故事：沃克夫人，是美国黑奴的后代，父母都曾是奴隶。虽然在她出生时，已经摆脱了奴隶的身份，但生活依然非常贫困，社会地位低下。

她小时候没有机会接受教育，更不幸的是，她 7 岁时父母便双双去世。因生活所迫，她 14 岁便嫁为人妇。但好景不长，20 岁时，她就开始守寡了。为了养育孩子，她开始以替他人洗衣为生。因长期繁重的工作，她的头发开始变得干枯易断，有的地方甚至大把脱落。

这对一个女性来说，是很可怕的事情。于是，沃克夫人尝试了很多办法来解决这个问题。久病终成良医，一天，沃克夫人找到了护发的有效方法。之后，她发现许多非洲裔美国女性也有同样的问题，她觉得她看到了商机。于是，她就把这个东西变成一种产品。

接着，沃克夫人便拿着她的护发剂开始一家一家地推销。但因为是黑人的关系，她做生意处处碰壁，到外地出差连旅馆都不让她入住。虽然遇到了难以想象的困难，但最后她还是慢慢地做大了。

她创业成功的原因有很多，其中一个重要原因，是她对自己的信念。她认为，没有人天生就应该贫穷和卑微，谁都可以享有良好的社会地位和形象。她说：“我不是百万富翁，但是我希望有一天我能成为百万富翁。不是为了钱，而是当我有了这么多钱之后，我就可以更好地帮助和我一样的人。”

“我可以成为一名百万富翁，这样我就可以帮助更多的人”，当这样的信息投射出去，别人接收到并认同了，然后就以那样的方式对待她。而她收到反馈后，她就更加认同对自己的信念。最后，她不仅让自己成了百万富翁，而且她还帮助了很多黑人女性提升了社会形象和地位。

这个故事说明什么？人与人之间其实一种相互“投射和认同”的关系，就像照镜子一样，你如何对待别人，别人就会如何对待你，反过来别人对待你的态度又会影响你的人生。

我们再来看一个故事：有一天，有位语言学家跟人打赌，说他能把一个普通的街头卖花女伊莉莎训练好，让她学会上流社会的口音，变成一位淑女。

语言学家的口音训练很顺利，可是，别人还是一眼就看出来伊莉莎不是淑女，举止仪态都不对。后来，有人提出一个洞见：你要想让她成为淑女，就必须像对待淑女那样好好对待她。于是，伊莉莎开始享受淑女的待遇，处处受到尊重。最后，她真的变成了一个淑女。伊莉莎是怎么蜕变的？

过程是这样的：别人认为她是个淑女，并把她当淑女那样对待，她想要符合他们的期待，所以，她就表现得像个淑女，时间久了，她就真的成为淑女了。

这就是你对别人态度的影响力，可以说是非常强大的。

我们总是会无意识地给自己和他人贴一些标签，而他人也会给我们贴标签。但真正的关系是没有标签的，一旦贴上标签，真正的链接就断了，真正的关系也就结束了。

举个简单的例子，当你遇到一个人时，你马上判断说，这个人我认识，我之前在哪里见过他。于是，你脑海中马上浮现出，你上次遇见他时的情景，当时你对他的感觉，以及你对他的判断。然后，你在心里说，那个讨厌的家伙，今天怎么这么倒霉又遇到他了。

实际上，你上次遇到他，是在好几个月前。而这几个月间在他身上发生的事情，你是一无所知的，很可能他和之前已经不一样了。所以，你并没有和他建立真正的关系。回想一下，在你的生活中，这样的情况是不是每天都在发生呢？

关系当中最本质的是自己，关系的关键点是知道自己要什么，关系的根本是自己的成长和提升，方法是每天聚焦在成果上，让自己不停地在生活当中拿到不同行业领域的成果。

比如我一直强调的健康、事业、财富、家庭、关系，如果你能在这五大板块儿都拿到成果，那么你就会分别吸引同频的人来到你的身边，从而促进相互之间的成长。

比如你在健康方面有所建树，那么一定会有一些对健康重视的人愿意跟你建立关系。这些年我无论生活在哪个城市，都会办一张健身卡。于是我发现了一个特别有趣的现象，不管我在哪儿身边都有这样一个圈子：这些人都是对健康特别重视的人，他们会在一起讨论健身方法、饮食习惯等。人是环境的产物，我们自己则是环境的创造者。

如果你是一个重视健康的人，就一定会吸引来很多关注健康的人，与此同时你的健康状态也会越来越好；如果你正在提高自己的口才，那么你一定会吸引一些口才好的人，随着跟他们的交流和探讨，你的口才也会越来越好。所以生活当中关系的源头是自己。一旦清楚知道自己想要的是什么，就会吸引什么样的人来到你的身边。

有些人或许觉得不解，比如你非常讨厌爱唠叨的人，为什么你却遇到一个喜欢吹毛求疵的上司，而你的伴侣或男（女）朋友也很爱唠叨？这要怎么解释？你喜欢浪漫，为什么你的情人却像个呆头鹅？你很重承诺，却经常遇到一些信口开合、言而无信的人，为什么？不是说我们只会吸引到跟我们同类的人吗？

问题就出在你的念头上。没错，你很讨厌爱唠叨的人，但你有没有想过你为什么会如此讨厌这类人？是不是因为你的父母、你的亲友，甚或你自己也是这类人，否则你怎么会特别讨厌呢？

经常，某些我们最讨厌、最不愿去想的人——仇人、敌人或伤害过你的人，却反而越常出现在我们脑中，为什么？因为你特别常想的就是那个人。

假如今天你跟同事吵了一架，整个心情都受到影响。你告诉自己：我再也不要理他、我不会去想任何有关他的事了！但是，当你进出办公室的那一刻，心里想的是谁？整天下来最常出现在脑海的又是谁？

是他，对吗？

这就是为什么你很讨厌爱唠叨的人，但你却老是遇到这样的人。因为你脑中最常想的正是他们，因而把同类的人都吸过来，问题是来自你的念头。

所以，如果你的上司、你的客户或你的伴侣是个爱批评又难以取悦的人，请你看看自己，是否你也是这样，或是你对这类人有特殊的信念，诸如：我最讨厌吹毛求疵的人，老板、客户、男人或女人都是爱挑剔又难伺候。这些念头从你的心里发出，当然会吸引同频道的人。

如果你喜欢浪漫，情人却像个“呆头鹅”，也请你看看自己的内心，也许你内心对浪漫有着不同的信念，比如你相信浪漫的人都不切实际、浪漫的男人都比较花心。这些信念可能从别人那里听来的，也可能来自你父母、亲友给你的告诫。你虽然喜欢浪漫，但却不希望自己的对象是个花心又不切实际的人，因而你所发出的念波所能吸引到的，自然是正派务实的“呆头鹅”。说白了，你对浪漫的想法其实是很不浪漫的。

同样的情形，你说，你很重承诺，为什么会遇到一些信口开合、言而无信的人？那很可能也是来自你童年的信念，也许你的父母曾被讨过债，曾被亲友出卖过，或许他们曾一再对你说人都是不能信赖的、再好的朋友也可能骗你……这些话一再地叮咛着你，成为你思想和人格的一部分。因而现在的你，对任何人都很不信任，即使你很重承诺，但你发出的却是不信任的信号，这就是为什么你老是遇到一些信口开合、言而无信的人。

因此，你跟你内在的自己就是一切关系的核心，并由此向外伸展出各种各样的关系网络。你通过与周围所有人的互动来了解自己。

穿越你在其中体验到的所有情绪，就能看到你内在渴望被爱、不被接受的一面。而这些往往与你内在自己的受伤状态有关。他人只是帮你看清痛苦的一面镜子。

我们可以尝试做一个内在观察的练习：首先，观察自己的呼吸，然后扫描身体，从头一直扫描到脚趾。扫描身体，是一项比较精微的工作，感觉有一股气去到哪里，意识也跟着去到了那里，然后才能接着往下走。

这需要一个过程，刚开始时，你可能对扫描身体部位不清晰，扫描到后面不知道到哪里了。但慢慢坚持练习下来，就会越来越清晰地感受到它们。扫描一轮之后，你就会感觉自己的身体有了一个容纳它的空间，会有一种充盈的感觉。

当你真正地和自己链接，你就可以真正地与他人链接，真正的关系也就开始了。内在成长的路无非就是两条，一条是静心，另一条是关系，没有人可以脱离关系而独立存在。

所有的关系，都是在提醒你，向内找寻自己的智慧和力量，活出你自己。而静心可以帮助你看清关系的本质。

第五章 能量

你有什么样的能量，就会过什么样的人生

你是谁，就会吸引谁

我们先来说一下什么是“吸引力法则”。所谓的“吸引力法则”也叫作吸引定律，也就是说当一个人的思想完全集中在某一方面的时候，跟这个方面相关的人、事、物就会被它吸引而来。

比如，一个内心消极的人，遇到任何事情他首先想到的是不好的方面，而忽略积极的方面，那么他的注意力和思想就会全部集中在消极的方面，因为他总是忽略好的一面，那么最终他得到的结果往往就都是消极的。从另一个角度来说，消极的事情就是通过他的“消极吸引力”而来的。

当一个人越是害怕某件事情时，他实际上越吸引这些事情过来，就仿佛是他渴望得到它一样。我知道很多人会对此感到迷惑，不理解为什么是这样?

原因就在于：无论一个人对某事物是心存渴望还是心存恐惧，他都会不自觉地在大脑当中针对这件事物描绘出一幅逼真的场景，而且这一心理图景有具象化的趋势。

比如，我妈妈以前在教我缝衣服的时候，我内心对针扎到手这件事情有很深的恐惧，所以嘴里总是在一遍又一遍地念叨着：“可千万别扎到手了！”而在这个时候我的大脑因为恐惧不断产生一幅针扎到手让我痛苦的画面，结果没过多久就真的扎手了！

再比如，很多人小时候学骑自行车时，总是害怕摔倒，一边学着骑，一边嘴里念叨着千万别摔倒，结果一会儿就摔倒了。我们试着分析一下摔倒背后的心理机制，看我们是如何把不想要的事物通过吸引力而成为现实的。首先你可能曾经看到过别人在骑自行车时摔倒过，看到别人摔得很惨而产生了移情，似乎体验到了别人的痛苦，然后，你在学习骑自行车时内心产生了恐惧，因此一边学习骑车，一边在大脑当中不断模拟出骑车摔倒的画面或场景，甚至会联想着因为某个失误而摔倒的画面。结果，当你注意力稍微分散，摔倒现象就发生。

幸运的是，我们大多数人所恐惧和焦虑的都是些不重要的小事，它们在我们的头脑中来得快，去得也快。尽管它们极大地浪费了我们的能量，但是我们对其中每一件事的注意力都很短暂，都不足以让吸引力法则来得及发挥作用。

但面临重大事件或问题时，比如就业、择偶、育儿等事情，你的这些消极思想就会影响自己的行为，使事情得到负面的反馈，进而进入一个死循环。

爱“苗”的故事

我给大家讲个例子。早些年我们家种玉米，我和我的邻居是同一天、用同样的种子和化肥种下的。可是一个多月之后我去地里铲地的时候发现，我家的玉米苗儿没有邻居家的长得好，颜色发黄、高度差一截儿，那个秸秆儿也比较细，看起来没有力量。

这种现象在农村很常见，两家明明是一样的种子、一样的化肥、同一时间种的，但是过了一段时间后就有很大的差别。我们没有谁会站在地里头骂自己的苗儿说，你看你是怎么长的？明明一样的种，一样施肥，你怎么就不如人家？

因为我们很清楚，骂苗儿是没有用的。庄稼人会很认真地观察：原来人家的地很干净，杂草都除干净了，人家还在这个过程中追肥、犁地、浇水，所以苗儿长得好。

通过观察后，我们就会采取行动。比如赶紧除草、追肥、灌水、犁地等。又一个月过去了，我发现我家的苗比他家还好了！因为我在发现问题后，采取了积极的措施去改善它们，而不是自怨自艾，埋怨我家的玉米苗儿长得不好，甚至自暴自弃不管它们了。

如果把苗儿当成是孩子的话，我们是不是也经常碰到这样的情况：明明两个小孩儿同一年生的，在一个班上学，同一个老师教课。可是有的孩子学习成绩好，有的孩子学习成绩就不好。

学习成绩不好的孩子，家长就会骂："看看别人家的孩子，同样一个班，同样一个老师教，你成绩怎么那么差？能不能向他学！"

大家发现了吗？我们对待苗儿的态度跟对待孩子的态度是截然相反的。

我们对苗儿多么的慈悲啊，不但没骂，而且还小心呵护，犁地的时候我那个锄头小心翼翼地不敢碰苗儿，因为一旦碰到了苗就会受伤，它长得就慢了。假如苗儿附近有草，我就得弯下腰、低下头来亲手把草拔掉。我们看到苗儿没长好，就会反思自己，是不是我没有好好施肥？是不是浇水少了？是不是没有给它除草？

苗儿的变化是因为我们在不断修正自己的行为，当我们不停地低下头来反省改正自己时，苗儿就变得越来越好了。孩子的教育也应该如此。我妈妈对待我就是这样，不管老师如何批评我、给我妈告状，她都会告诉我说，孩子没事儿的，下回就好了。她对我就像对待地里头的苗儿一样，生怕伤害到我，我这棵苗能有今天的成就，离不开妈妈的精心呵护。

我们孩子的成长就像种植玉米苗一样，需要从自己方面找原因好好养育。不光如此，其实我们跟万事万物的链接都是如此。你用积极的态度对待，用积极行动去努力，那么事情就会朝好的一面发展，反之，有可能会越来越差。就像有的父母一看到孩子就会数落，你怎么这么不听话？你怎么老是调皮捣蛋？那孩子不但没有改变，还会跟父母说的一样，越来越差。

我曾经给自己的学员一个建议，就是让他们尝试去改变自己跟身边最亲近的人的关系。比如有些人跟自己的公婆关系不太好，不妨放下成见尝试对他好，你看结果会怎样？这就相当于回声理论，假如你对着大山说，我恨你。回声一定是我恨你；假如你说我爱你，那你得到的回应也是我爱你。很多学员后来很惊喜地跟我说，他们和家人的关系真的有很大的转变。

有一对夫妻都已经面临离婚这样的境地了，妻子决定最后一次跟丈夫一起泡脚。在泡脚的过程中，两个人回忆过去，历历在目，忍不住落泪，两个人抱头痛哭后终于消融了那些隔阂跟痛苦，重归于好。

所以你看，除非你能摆脱内心消极的想法，否则它就有可能会将你拉向你所恐惧或憎恶的东西，或者迫使你朝它走去。

如何才能让自己把积极的、想要的东西吸引过来呢？

这其实并不难，需要不断改变你的心态、观念和信念。心态是一个人思想、观念、理想、感觉与信念的总和。当你每天都在不断地构建着积极的心态时，那么积极的心态不仅在塑造着你的性格，而且也在影响着外部世界。

凡是有思想、善观察的人都注意到了心智领域的吸引力法则的作用，一个人的心态就像是一块磁铁，将所有与这种心态相协调的事物、物体、状况、环境和人吸引到这个人身边来。我们每个人都应留意自己的思想和言语，消除对恐惧、焦虑、贫穷的念念不忘，以积极、快乐、开心、富足的思考取而代之。

要改变心态，就要先改变我们对一些事物的看法和信念。就像上面我举的两个例子，改变观念就是把事情的顺序进行颠倒！比如你想要让自己自信，想要让自己内心积极、阳光，那么你需要在真正自信、积极、阳光之前，先在自己的大脑里进行心理建设，设想出一副自信时候的神态、外表，甚至样貌等，当你的大脑当中持续产生这样的画面时，你的行为和心态才会跟随。

假设你的房间一团漆黑。你是会动手消灭或者扫除黑暗，还是直接打开窗户让阳光照进来？阳光照进来时，黑暗就会消失。恐惧的黑暗亦是如此——推开窗户，让一线阳光照进来。让勇气、信心、无畏的思想、感觉和理想涌入你的心灵，恐惧就会消失。只要脑海中出现恐惧，就立即服用无畏这副解药，默念“我无所畏惧，我什么都不怕，我很勇敢”，让阳光洒进来。

一个人的生活状况在很大程度上取决于他的心态。有很多人其实偶尔一次做得也不错，但是很快又再次陷入到自卑当中，或者是自己也很努力地在改变、在学习，可是却总是感觉不到自信是什么样子。这又是为什么呢？其实，一方面我们可以和别人进行比较来感觉到自己是否自信，另一方面就是在自己的大脑进行关于自信的心理建设，设计出关于自己自信的画面。拿别人作比较，很容易使自己再次陷入自卑，因为别人本身就是一个“自变量”，有很多不确定因素，不具备可比性。

处境的改变，最根本的在于对自己内在心理的洞察，以及观念、行为模式的改变。人如果处在一种困境里，基本可以肯定人的内在肯定有两种截然相反的声音正在抗争中。比如我们都渴望有幸福的爱情和婚姻，但往往求而不得，为什么？往往是因为我们的潜意识在作怪，特别是那些无意识认同的未被觉知的思维模式。

我有个学员，由于从小被父母遗弃，有很强烈的被抛弃感和不配得感，潜意识里渴望带有悲剧感的情感生活，心理学上称为“强迫性重复”，所以她喜欢找个不靠谱的男人，不喜欢稳定的有安全感的男人。

她问我，正心老师为什么我总是遇到不靠谱的伴侣呢？

我告诉她，只有她自己觉知到这个模式，愿意去打破这个模式，运用吸引力法则才有效。只有我们对自己了解得越清晰越深入，我们发出的愿望才越单纯直接，我们才能接收到内心真正的期待。

给自己积极的心理暗示

所谓心想事成，就是在潜意识里埋下一颗正向的种子，摆脱了那些“不可能”“我不行”的固有模式，绽放出自我的能量！

比如我就会经常给自己暗示：我正走在幸福的路上。每次等车，就对自己说，别慌，我的幸福就像我要等的车，早晚要来的，不过五分钟和十分钟的差别。

在日常生活中，我们就可以通过这种积极的心理暗示，一点一滴帮助自己构建完善的心理体系，从而帮助我们在日常生活中更好地体验乐趣和美好！

下面有几个小方法，大家不妨尝试一下。

1. 把不顺利作为最后一次

谁都会有不顺利的时候，试着在最不开心时对自己说：“这是最倒霉的了，不会再有比这更倒霉的事发生了。”既然最倒霉的事情都已经发生了，那么还有什么可怕的呢？在最不顺利的时候给自己这样的心理暗示，会增强心中的安全感，也会给自己以信心。

2. 说出自己的内心感受

心理学研究中有一种“内省法”，就是让人冷静地观察自己的内心深处，然后将观察的结果如实讲出来。这样可以使紧张的心情得到释放，人就会感到轻松一些。

3. 不强调负面结果

不要总是给自己一些这样的心理暗示：“我就是这样做才出问题的”“就是在这里我把钱包丢了”等。越是这样，心里就会越紧张。所以要避免老用失败的教训来提醒自己,而应多用一些积极性的暗示，比如：“认真些就不会出错了”“无论在哪儿都要把钱包装好”等。这种积极的暗示和指导，更能提高自己的生活质量。

4. 避免情绪低迷期

每个人都有自己的“情绪周期”，有时人们难免会陷入莫名的情绪低迷阶段。这时就应该先做些简单的工作，不要给自己增添过重的负担。可以在自己情绪高涨的时候处理那些令人感到棘手的问题，因为人在良好的状态下迎接挑战，可以淡化为难情绪。

5. 调整心情

可以使用“汽车预热”的方式来调整自己的心情，就像汽车上路前都要进行发动机预热，以保证汽车良好的行驶状态一样。当你刚吃完午餐，还未从慵懒中彻底解脱出来时，先不必急于工作。可以先与同事们交流一下，或是先翻阅一下上午的工作日志，给自己的心情“预热”之后，再以崭新的面貌进入工作状态。

与牙对话，倾听身体的智慧

牙的呼救

2001 年我辞职到城里打拼，一个农村人刚到城里所能遇到的那些困难，我都没逃过。我当时身体有个毛病，一着急就容易上火，表现症状就是牙疼。俗话说牙疼不算病，疼起来真要命。疼到什么程度呢？我整晚整晚睡不着，只能在房间里踱步，半个头都跟着发疼，我甚至忍不住拿头去撞墙以缓解这种痛苦。

有一天晚上，我疼得实在受不了了，就翻箱倒柜找出来一个尖嘴钳子，对准那颗坏的牙，用力一掰，牙咔嚓一声断了。当时嘴里立马血流如注，但牙根却还留在里面，半个脸也跟着肿起来，我疼得眼前发黑。没办法，第二天我就去医院找医生帮我拔了。当时还有两颗牙也是中间有黑洞，虽然它们没有发疼，可我想着斩草除根吧，也让医生一起拔了。

于是，36 岁那年，我就拔掉了三颗牙。回到家，我对着镜子看自己三个黑洞洞的牙槽，想了很多。我还这么年轻，牙齿就有了很多问题，要是年纪再大点，我的牙不得全拔没了吗？

牙为什么会疼呢？我开始仔细回想，这个病根应该在我很小的时候就落下了。小时候孩子都爱吃糖，刷牙也不勤快，于是它们长了蛀牙。

后来年长了，我吃什么东西也都不忌口，我的牙冷也受过，热也受过，啃过硬骨头，开过酒瓶盖儿。这些年它们从未被我好好呵护过，而是肆无忌惮地伤害它们。

牙疼其实就是我身体发出的呼救声，它们在告诉我："正心，你该重视我了，你该看到我受的伤害了。"而我却选择了将它们连根拔除，一点都没有倾听到它们的求救。意识到这一点后，我决心开始改变了。我告诉自己，只要我还在，我就好好呵护我的牙齿！

从那以后，我买最好的牙膏，用最好的牙刷，用牙医教我的方式非常认真地刷牙，并且用心感受它们的状态：牙龈颜色是否健康？牙釉质有没有损伤？牙齿有没有酸痛感？

一晃到了 2016 年，当时我在北京开课，有个学员刚好是牙医，他还携带了一台牙齿健康检测仪器。这个学员非常热情，免费给很多同学都做了牙齿检测。等到课程结束聚餐的时候，他提出："正心老师，我给您也检测一下牙齿健康吧？"

我当时就很自信地说："不用测，我肯定是最好的！"

其实我也就随口一说，结果这个学员检测完大吃一惊。他说："班上这么多学员，有很多年纪比您小多了的，没想到您的牙齿真是我们班上最好的！"

我一下呆住了，原来我这些年对牙齿的关注和呵护，真的有了回应。当我们能够静下心来认真倾听身体的声音，与它们建立良好的联系之后，身体就会给予你正向的回馈！

倾听身体，跟从身体

很多人在年轻时都容易忽略自己的身体，这忽略里面有对身体的藐视。大家都过于关注大脑思想的开发，却不愿意听从身体的语言。

身体说：“够了！我已经饱了，你不要再吃了！”但是你继续吃，你选择听从头脑。头脑说：“这个很好吃，味道好极了。再吃一点。”你并不听从身体。身体已经感到作呕了，胃在说：“停！我累了！”但头脑说：“你闻闻多香啊……再来一点吧。”你继续听从头脑。于是我们的身体就会出现各种各样的问题，肠胃不堪重负，体重超标等。如果你愿意聆听身体，99% 的问题会直接消失，剩下的那 1% 只是一些意外，不是真正的问题。

永远不要试图用任何方式来控制身体，因为身体是你的基础。一旦你开始了解自己的身体，你 99% 的痛苦就会直接消失。但是很多人从来不听。

当人们成年后，对身体语言的感知力就更弱了。比如明明很累了，想要睡觉，身体发出的信号是困，人也知道自己困，但就是不去睡。真正消耗人的不是晚睡，而是明明已经困了，却还不睡。于是身体处于茫然状态，失眠就开始困扰人们。

这就像一个公司，下属提了很多不错的方案，但就是不被领导采纳，几次之后，可能下属就没有了提出方案建议的积极性。

就拿吃饭来说，人的胃有一个功能，需要食物补充时，会发出一个信号：饿！但是我们呢，可能因为工作原因，可能因为其他原因，没到饭点就不吃。胃一开始的时候，会发出信号，但是如果长时间发出信号得不到有效结果，这个时候，大脑就会认为这是无效信号，就把这样的指令信号关闭了。失去了信号，没有了饥饱，要么暴饮暴食，要么饿了不吃，时间久了，胃就容易出现一些功能性障碍。

你想想自己这些身体发出的声音，你有没有听从呢？

了解自己，从身体开始

你的身体除了执行自己原本的生理任务外，还有许多重要的功能。首先它有助于你的意识形成，它是你的一面镜子。如果你朝这面镜子里望去，它就会很清楚地向你指出，你是如何对待它的。

当你观察自己时，就可以看到你是否给自己足够的睡眠，是否使自己劳累过度。久而久之，就可以看出你是如何对待身体的，你的生活习惯是使得它健康、生气勃勃，还是弄得它毫无活力。

与我们的身体建立联系，倾听身体的智慧

第一步：注意并听从你的身体

1. 意识到重要性。

要使自己意识到你的身体对你极为重要，它可以是你的朋友，支持你的自我发展。就像那次拔牙之后，我才开始意识到牙齿对我的重要性，我也会更多地关注它们，不光是牙齿，我身体的每一部分，它

们都在发出自己的信号，而我要做的就是认真聆听，细心感受，积极对待。

2. 开始更多感受身体。

你这样问自己：我在自己身体里感到怎样？要是你很容易分散注意力，那就闭上眼睛。尽你目前所能更多地去感受。有可能你在身体里同时感受到不同的东西，例如你的腿感到很沉重，你的肚子很胀，你的胸膛则感到相当自由、相当开放。试着找出你身体的这些感觉与什么有关联。

在一天中，要不断给自己一点时间去感受身体，一旦你有了了解，就要使自己意识到其中的关联。要逐渐地扩展你的感受，直到有一天你与自己的身体可以进行不间断的沟通。

比如，你的饭菜是否好吃，是否对你有益？哪些食物会加重你的负担，而哪些则使你保持轻松？当你移动身体时，它有什么感觉？而当它站着时，又会怎样？你身上是否有地方使你感到疼痛？当你表达出你的感受时，你的身体会有什么感觉？而当你把感受隐藏起来时，你身体又会怎么样？

比如我最近长痘痘了，我知道是自己压力太大，可能没休息好，或者饮食比较重口，这是身体在告诉我需要调整自己的心态、饮食习惯或者生活作息，比如我最近小腿开始发疼，我知道那是早年在农村留下的病根，只要受凉它们就会不舒服，那么我应该给它们保暖，多多关注气候变化等。

你给予身体的每一次注意，会使你更加愿意听从自己的身体，并给予它所需要的东西。如果你觉得很累，就让自己休息；如果你觉得真的饱了，就不要再吃了。给自己的身体以清醒的目光并为它服务，其结果是它也能更好地为你服务。

第二步：觉察自己对待身体的模式和习惯

要使自己完全明白，你迄今为止是如何对待自己身体的？你是给自己健康的食物还是一点都没有注意到这点，你吃饭时很紧张还是很平静？你抽烟、喝酒、吃糖吗？你是否向自己的身体灌塞了许多药片、针剂等化学品？你是否在良好的空气下进行足够的运动，你通常是否吃得太多，同时给自己很少的睡眠和很多的压力，从而忽视了自己的身体？

好好考虑一下对待自己身体的方式，不要欺骗自己。因为你对自己越诚实，你就能越快地发现是什么损害了你的健康，是什么使你生病，是什么使你受到污染。

比如早些年我就有喝酒的爱好，几乎每餐都少不了一点小酒。有一次我跟同事们聚餐，喝了不少酒，踩着自行车回去的路上，摔伤了。第二天整个人鼻青脸肿，脑袋大了一圈，差点连命都没有了。我就反思，我的人生不应当被酒这个东西控制甚至毁掉，于是从那一天起，我就不再酗酒，确保自己的身体能够处于自我掌控和保护中。结果是显而易见的，这些年我也确实越来越健康，看起来比同龄人要年轻很多。

第三步：你愿意为自己的身体做些什么

给自己制订一个详细的计划；你准备为自己的身体做些什么。也许你想要多运动，想改变饮食或者尝试不同的治疗方法。不要一次下决心做太多的事情，但是要坚定地遵循自己的计划，不断地检查结果。你给予自己身体的每一次关注，它都会以美丽和或健康的形式报答你。为此你应该竭尽全力去做。

接受不完美，解决生命卡点

有这样一个心理学试验：有人在白纸上画一段圆弧，经过白纸的孩子们会自然而然地拿起笔补上线段，让圆弧成为一个完整的圆。更令人惊奇的是：大猩猩也有这样的癖好。并且，小孩子或者大猩猩都会尽力使自己画的线段平滑，使完成的图形与原先的弧一样平滑。

人类天生就有将事情做完，让需求得到完全满足的倾向，这也是一种追求完美和圆满的心理。比如我们跑步的时候，会想着跑完一个整数；吃饭的时候，喜欢吃的最后一口都得吃完；看书的时候，总是希望看到一个结局。所以，人类有许许多多身体的、心灵的需求，它们都吸引着我们的注意力，并且排队等待我们去完全满足。一旦满足了最迫切的需求，我们很快就会生出下一个需求。人类和其他所有的动物一样，首先都有对生存的需求。比如一个人又冷又饿，他去到酒店的第一件事就是去餐厅好好吃一顿，等吃饱身体暖和起来了，他就会想跟身边的人攀谈交友，或者感到困意，去房间睡觉。又比如，你计划要去看电影，此时突然有人通知你，你正在负责的项目出了重大问题。于是去看电影的计划立刻退为其次，解决自己的工作问题便成为你当下最迫切的需求。

满足了最迫切的需求之后，你的身体会接着转向下一个需求，这一机制不断地发生在我们身体的、心灵的所有领域。每当我们满足了一个需求，已满足的需求就会后退，让出一条路给下一个需求——这当然是最理想的状态。但我们都知道，理想的情况并不多。大多数的需求无法及时满足，因此它们就卡在那里，无法后退。无法满足的需求，将一直牵动我们的注意力。人们的思维就会停留在没有被满足的需求中，并且形成顽固的欲念，将它带到自己日后的生活中。

比如一个小女孩，小时候生日特别想要一个芭比娃娃，但是家人没有满足她，这个得不到的芭比娃娃就成了她心里面巨大的愿望，哪怕后来她有能力买得起娃娃了，甚至给自己买一屋子的娃娃，她当初内心的那个空洞都还是停留在那里，得不到满足。

我把这种情结称为执念。每个人都有些执念。人们对爱情或者生活的美好向往，会让人产生巨大的动力，让人们不懈地向上攀缘。但是，如果一个人在童年产生过大的缺失，需求未得到满足，那么他就会一直围绕着这个“执念”打转。这种时候，麻烦就来了。

因为这个需求产生于过去的情景，所以到现在来看，它失去了原有“完成的基础”。就像那个长大的小女孩，她没办法回到过去那个年龄，回到那个生日的晚上。当我们要完成它时，我们就只能将它建立在某种类似的基础上，造成了“投射”或者“内射”，结果导致了更大的问题。

比如我有一位学员，她年幼时面对粗暴、严厉的父亲，不敢表达她的不满和愤怒，只能拼命取悦和讨好。结婚后，她将过去未能表达出来的不满和愤怒投射到自己的丈夫身上，动不动暴跳如雷、大发脾气。

事实上，她不自觉地变得和自己的父亲一样了。后来，她竟然动手开打，丈夫忍无可忍的时候便对她拳脚相向，于是，这种投射甚至演变成了家庭暴力。

即使她的婚姻到达了崩溃的边缘，她仍然无法控制自己的不满和愤怒。其实，她对丈夫的不满和愤怒很多时候都是无理的。

每个人寻找伴侣都会带着原生家庭的痕迹，比如女人找丈夫往往是希望他像自己的父亲；男人找妻子则希望她像自己的母亲。所以，这个女学员将丈夫投射成父亲是很自然的。

问题在于，她把幼年时候和父亲之间没有解决的问题放在她和丈夫之间来解决，这相当于把甲和乙之间的恩怨，让丙来和乙解决，这当然是行不通的。就算这位丈夫忍气吞声，一再和她道歉，这位女学员内心的症结还是无法平复，因为她心里真正需要的是父亲的道歉。不管丈夫怎么道歉忍让，他都无法真正代替她的父亲，所以归根结底她内心的真实需求还是个“没有完成的执念”。

这种投射往往一再唤醒这一“没有完成的执念”，迫使她不断努力想去完成。这种注定徒劳的努力反而会导致更大的痛苦，她更执着于在现在的模式中完成……

于是，一个恶性循环形成了，越是完不成，她越想完成。越想完成，就会导致她的行为越偏激，于是跟伴侣的关系越差。这真是一个让人痛苦的恶性循环：执着于没有完成的执念的人，即使后来环境已经很不同了，仍然会停留在自己童年时期的需求里，即使当初的人和物都已经改变了。

这样的人沉溺在过去的行为模式中，但生命的障碍却持续存在于当下。他会一再地企图满足当初的需求，而这一需求却在他当下的背景中无法获得满足。每次，在接近那个未完成的需求时，他就会感受到“内心被电了一下”的惊慌与焦虑。这种过电似的焦虑，是他被卡在“没有完成的执念”上的典型反应。我们往往在想到底是忘记这初始需求，还是努力满足它这个点上天人交战。

我给大家讲个故事，你可能会更直观地理解这种执念。

从前有一位古怪的人，名叫那斯鲁丁。传说有一天晚上，那斯鲁丁在广场的街灯下匍匐前行，好像在找东西。附近的人过来问他：“你是不是掉了什么东西？”

他回答：“我的钥匙丢了”。

那人又问：“你确定它是掉在这里吗？”

“不，是掉在那边的草丛里了。”

“那么你为什么在这里找？”

“因为这里有路灯，比较亮啊！”

其实，这位特立独行的圣者是通过这种愚行，以挖苦的形式警示我们：在解决内心的痛苦时，我们往往费力到“有亮光”、有面子的地方，去解决那些隐藏在阴暗角落里的问题，就像刻舟求剑的愚人一样，但其实那里根本没有我们需要的东西。因此，从“没有完成的执念”那里逃开，让自己视而不见，打算让时间或者别的什么“代替”解决的想法是十分愚蠢而徒劳的。对“没有完成的执念”这种刻意回避与否认，让我们丧失了察觉，处在沉溺性行为中而不自知。这就是造成我们人生种种痛苦的根源。

也有人自作聪明，想让“时间”或者别的什么代替解决“没有完成的执念”，现实生活中，我遇到过很多人，他们总希望自己内心的问题，最好由自己的配偶代替解决。所以，他们认为，自己过得不好，根源在于自己的配偶。他们还抱怨说，为了让配偶改变，自己做了种种努力。然后，他们就会向我讨教，“正心老师，我应该如何让配偶变好呢？”

我会反问：“你自己打算什么时候‘变好’？”

为了改变其他人，我们使用了生命中的极大的能量，尝试了各种可能的办法。

为了让对方（往往是最亲密的人）感到罪过及羞愧，我们极尽责难、收买、诱惑、胁迫、疾病、怨恨、自我破坏等手段。等这一切方法都失败之后，我们才开始想到自己改变，自己去亲自解决这些问题。即使这样，还是有很多人不愿意正视这个问题。

我认识一位男士，他小的时候有尿床的毛病，经常会在半夜里被脾气暴躁的母亲从被窝里提出来赶到院子里。年幼的他自然无力反抗，也不敢表达自己的真实情绪。成年以后，他对遇见的每一个女人都从心底里鄙夷和嘲讽，这严重影响了他的生活。

显然，表达对母亲的愤怒和怨恨的需求，是他生命里的“没有完成的执念”，这个执念导致他喜欢用鄙夷和嘲讽的仇视态度对待出现在他世界里的女性。

有个电影讲述的是一个连环杀手案的故事。男主角幼年时候失去了父亲，母亲为了生存做了妓女，每天带不同的男人回家，有时候那些嫖客喝醉了还会动手打他。幼小的他充满了恐惧和怨恨，觉得一切都是自己的母亲做妓女造成的。于是他在成年后专门挑妓女下手，将她们残忍杀害。因为幼年时候没法反抗的他，将这个情绪一直延续到了成年后，一次次的重复，将愤怒转嫁到无辜的人身上。而这样的人在我们生活中数不胜数，比如没能考上大学的父母，会想尽办法让自己的子女上一回大学；没有学成钢琴的母亲，会逼着孩子苦练并不喜欢的曲子……

这样一再沉溺在“没有完成的执念”里，基本上是我们人生的常态。人类还会纠缠或者执着于“未完成的执念”时，形成一套个人的观念、看法、价值观等，甚至形成个人的生命意义。

也许你的执念是你此生不能企及的东西，比如一个地方，一种事物，一种遗憾，一种渴望甚至是一丝情怀，但终究没有办法达成。因为在你认为这是你执念的那刻，你的意愿是强烈的，你的诉求是炽热的。一旦你某日达成了你的执念，你会发现，可能其实这并不是你想要的。

只有真正接受你心灵深处的那些“执念”——即使它们使你如此痛苦。有勇气去重新经历自己生命里的每一个“未完成的执念”，看看那些存在过的事实，才能在生命里开始拥有智慧。这样的人将不再怨天尤人，不再将责任推给环境和他人。他会为自己的思想、情绪、人际关系、生命里的每一个结果负起责任。也因此，他能得到心灵的最大自由。

链接父母，如何转化生命程序

我经常跟自己的学员说，要慈悲对待我们的父母，无论父母在过去是如何对待我们的。很多人不解，有些人在童年时候甚至还遭受过来自父母很严重的创伤，他们会问："正心老师，我为什么要以德报怨呢？"我想说的是，只要你对父母的怨恨存在一天，你对自己的怨恨就延续一天。一个活在怨恨中的人，怎么可能获得幸福呢？

我所说的慈悲，不光是对父母，亦是对我们本人，放下即放过自己。

幼年时候，我也曾对我的父母有过恨意。我就想为什么他们要在这么大年龄冒着风险将我生下来呢？如果这个世界没有我该多好啊，那我所遭受的一切不顺和挫折都不会存在。抱着这种念头的我活得可以说是非常消极甚至颓废。但是我发现我父母对待自己的父母是非常有爱和耐心的。不光是自己的父母，他们对待长辈都是抱着极大的善良之心。我想他们这一代人遭受的穷困、自然灾害等比我更多，可是我父母却毫无怨言，更不会怨恨他们的父母将自己带到这个世界上来，反而是充满了爱心和感恩。这种发现令我感动，也让我转变了自己最初对父母的怨恨。而从那时候开始，我的生活状态也开始变化了。

我发现这就是爱的传承，一旦我们对父母的态度变了，我们的生命似乎也开始朝着积极阳光的那一面发展。到后来我对父母的牵挂就变成了一件非常自然的事情。我记得我母亲在世的时候，我很少出差超过三天的。如果实在要出门，我就会把家里的钥匙交给我的学生和朋友，让他们时不时去我家看看我母亲，并且嘱咐我母亲，这些人都是我的朋友，是我托付他们过来的，别害怕。只有把这一切安排好了，我才放心出门。因为这种感恩和爱，让我和父母的链接非常深，我也在自己心里种下了慈悲的种子，能够用平和的心态对待我生命中遇到的每一个人，反过来他们也会因为我的态度而倾力相助，形成正向反馈。

原生家庭的影响，表面看上去只是童年短短几年，实际上却让你今后几十年都难以得到真正的快乐和幸福。谁都想拥有好的原生家庭，我们无法决定命运，但如何过好这一生，全凭你心。有人因为它心怀愤懑，陷入桎梏；也有人凭借自己的努力，把原生家庭欠自己的，都拿了回来。

很多人成年后还在控诉自己父母：自卑讨好，被父母否定太多，极其不自信，长大后拼命逼自己变优秀；缺乏安全感，没被好好爱过，渴望被爱却又害怕，敏感脆弱；感觉这辈子只能一个人生活，不会经营关系，不懂怎么去爱别人；发誓不要像父母一样，却越来越像他们，爱指责发脾气……

遭遇原生家庭困扰的人，远远比我们以为的更加普遍和严重。我们尝试从原生家庭中去找自己现在各种问题的根源，肯定没毛病。甚至从某个角度来讲，当我们开始用一种科学视角去分析已经存在的问题时，这是一种进步。

因为不管是精神分析还是其他的心理学流派，都离不开这个事实：

我们肯定会受到成长环境和经历的影响，然后在这些影响之下，形成一些独属于我们自己的模式，并在学习、工作、生活、关系中，普遍地运用着这些模式。

所以当我们在上述任意哪个方面中感受到了问题的存在时，我们理所当然地会想要去从源头上，也就是从原生家庭的角度去尝试解决问题。这就是为什么越来越多的人都开始想要通过改善跟父母的关系、做心理辅导等来做一些改变。只是遗憾的是，通过父母找到自己问题的根源似乎并没有帮到他们太多。这些人，都是将解决问题的关键，放在了别人身上，即谴责自己的父母。

如果我们试着用心理学的原理分析人物因受原生家庭和父母的影响所形成的性格和命运，会发现很多问题的本质。就比如《安家》中的房似锦、《都挺好》中的苏明玉、《流金岁月》中的朱锁锁等，只有看到了原生家庭这一层，我们才能更理解这个人物，也才会在浮躁的世界中变得更有悲悯心。

事实上，我们对自己也是这样的心态。只是，如果你只能看到过去存在的问题，却没有找到解决问题的关键，那么追根溯源对你来说毫无意义。

该怎么看？我们举个例子：

章子怡在电视剧《上阳赋》中饰演上阳郡主，小名唤作阿妩。她是被爱泡大的姑娘，父亲是当朝丞相，容她撒娇任性；母亲是长公主，性情温和宽容；哥哥是世子，读书作画情致高雅；初恋是温柔又恬淡的三皇子，陪她看月亮放花灯，许诺一世守护。在她这个原生家庭和社会支持里，没有吵架互殴的父母，没有被语言暴力的记忆，甚至压根都没有任何能算得上创伤的遭遇，看上去非常完美了。

但是，当你透过这些本质再去细看时，就会看到和表面浮华所背离的真相。阿妩正在波诡云谲的原生家庭中挣扎而不自知：那个疼爱她的父亲，希望女儿有个好前途是真的，但这一切都是从自己的利益出发更是真的；那个宠爱阿妩的母亲，觉得自己为了一双儿女和母族荣耀，甘愿一直和同床异梦的丈夫饰演恩爱夫妻，她却不知道自己这样演出来的完满，可能并不是子女成长最充足的养料；那个时时处处担心妹妹受挫的哥哥，带着一身未处理的命题，就像是埋藏在家里的一块隐形地雷。

阿妩看上去很幸福，甚至一度她自己也觉得很幸福，直到她被原生家庭裹挟进家族的使命、权欲的争夺之中，变成了一枚失落的棋子。我们就会发现，这就是她的原生家庭有问题！

那如果这个时候给阿妩很多的心理学书籍和文章，凭借她的聪慧和领悟力，她学了之后能改变原生家庭和父母吗？能改变自己的处境、治愈自己吗？

答案是肯定的。阿妩在世事浮沉中终于意识到，什么样的男人才是自己的真爱，什么样的快乐才真正让自己动心和满足，什么样的生活才是自己真正追求的。她的幸福不是造化指引，而是她所拥有的一系列个人特征，共同带着她把一切变成自己想要的模样。

寻找跟父母问题的目的不只是让我们看懂他们，更是看懂自己。

帮助阿妩走出困境的，是带着慈悲心、不带血腥讨伐气息的、直接关乎个人成长的智慧。虽然父母让她明白自己眼前的处境都是因为家庭，却没有让她因为自己是个十足的受害者而自怨自艾，她也没有执念于去改变家庭和父母，相反，慈悲之心给了她底气、勇敢、自信，去过对的生活，让她能在逆境中选择不服输，能在困境中生出智慧，能在绝境中相信一定会有办法和出路。

我们在梳理与父母的关系中看到问题的来由固然是好的，但并非每个人的问题都可以再一次回到源头去改变、去找到答案。如果一定要停留在源头说个清楚、求个明白，可能还会面临创伤的重演和叠加。除了执念于改变父母和原生家庭，可能更值得我们做的，是看清楚自己，以慈悲之心包容一切。

假如你无法靠自己的力量完成，不妨从这几个问题来想想：

第一，为自己赋能：在过去那样糟糕的环境和氛围之中，我是靠什么力量生存的，那个力量在我现在的处境中，还可用吗？

第二，给自己填补：如果我在那个阶段做自己的父母，我还有什么更好的方式对待自己吗？如果有的话，也许我们可以弥补给自己；如果没有的话，请告诉自己，父母也只是人而已。

第三，使自己独特：我的经历和感受，让我拥有和别人不同的什么资源吗？它们在眼下，可以怎么继续成为积极资源呢？

第四，要自己负责：我应该为自己过去的经历承担什么责任呢？

我为往后的成长，又可以做些什么呢?

看清楚父母当初的问题，并不是让我们一遍遍确认自己就是受害者。埋怨不能改变处境，尝试改变别人和过去，也许并不是明智的选择。

我们总认为父母爱自己是天经地义的，如果他们给的爱不是自己想要的，我们就对他们有怨念。但这是个妄念。每一对父母都曾尽力对孩子好，他们做过太多的事我们可能都忘了，却一直耿耿于怀那些我们觉得做的很不好的事。

我们无法选择自己的出身，以及会经历怎样的童年和人生遭遇，但是，当我们长大了，我们可以选择如何面对过往、现在和未来。所有的苦难、痛苦，都是人生的领路人，都是开启我们活出完整生命的钥匙，是最好的恩典。

无论我们记忆中的父母做过些什么，请都尝试每天去感恩他们。感恩父母给予我们生命，感恩伤痛让我们懂得接受和体谅，接受生命的不完美，体谅生而为人的不容易。感恩挫折开启了我们向内走的旅程，如果没有这些难过，我们可能从来不会接触到生命智慧的内容。每个人的人生道路都独一无二，充满了契机与恩典。只要你意识到了这一点，你就会感激你的命运，感激一切的发生，感激遇到的所有人，从而心中升起无比的信心和光明，你向内的大门就完全开启了。

历磨难而成长，因信念而不凡

先给大家讲个故事。

一群山民去采石头，有一块巨大的石头被他们带回村里，一部分雕成了台阶，一部分雕成了菩萨。这个台阶每天被人踩，菩萨却每天被人膜拜，台阶看到了心里很不高兴，就对菩萨说，咱们俩生自同一块石头，为什么我每天被人踩，你却每天被人拜？菩萨笑着说："作为台阶，你只挨了两刀，一横一竖就雕出一个台阶。但是我做菩萨，却是挨了无数刀，被千锤万打出来的。"

菩萨为什么比台阶更受人尊敬？因为它是被打磨出来的。这虽然是个很简单的小故事，但却对我的生活有着很深的启发。我用这个故事跟自己链接，会发现生活中我们总是会遇到各种困难，这些难处就像这个菩萨遭受的锤打和磨难一样，但是它熬过来了，于是成了受人敬仰的对象。更重要的是，在这个过程中，它没有因为苦难而放弃，它深知自己将会成为什么样子，正是这样的信念在支撑着它，一路走向成功。

回想起来，我一路走来其实也遭遇过很多艰难。做为一个农村长大的孩子，我没有一线城市同龄人出生就具备的视野和资源；做了多年中学老师，可我一直没有被转正；去到城市创业，种种不适应和冲击兜头而来；创业正值盛期，至亲离世，后来公司发展受挫，我自己的身体健康也出现问题……

兜兜转转我从零开始，一切又归零。创业时我已经步入 50 岁的门槛，很多人都会劝，正心老师，你何苦这样折腾自己呢？你应该认命，好好享受自己的时光，很多人在你这个年纪早就退休了。可我知道我的使命，它们支撑着我，不论何时都不会轻言放弃。这些挫折和困难就像石菩萨该承受的锤炼，它们会让我成为更好的自己。事实也如此，短短两年时间，我再次扬帆起步，聚拢了一批志同道合的合作伙伴，以积极健康的状态再次迎来自己的创业黄金期。

扛过去，世界就是你的

生活总会给你一些意料之外的打击，但也会给你意想不到的惊喜，同样是下雨天，有人抱怨泥泞，有人等待天晴，很多时候，我们面对困难时并不是真的无能为力，而是我们没有激发自己的信心和潜力，去对抗面前的困难和挫折。

我曾经问过学员这样一个问题："哪段经历，是你人生的最难时刻？"很多人都纷纷发言，有和初恋男友分手时，哭了一个月；有被合伙人坑，公司濒临倒闭；有失业那年，母亲生病入院，到处借钱。其中一个男学员的故事，令我尤其印象深刻。

在他 15 岁时，父亲骤然离世，这位学员陷入了痛苦的深渊。他经常躲在无人的角落痛哭流涕，哀叹命运的不公。就这样失魂落魄地过了几个月，他的成绩一落千丈，人也变得郁郁寡欢。直到有一天，他读到一句话“那些打不倒你的，必将使你强大”，心中为之一振。

他决心开始改变，每天制订学习计划、写日记，才渐渐走了出来。或许，痛苦是成长最好的养分。经历了那段岁月，到如今在课堂上分享，这位学员惊喜地发现，自己的内心变得越来越强大，仿佛有了铠甲。后来，哪怕遇到天大的事，咬咬牙都能扛过去。

有人说：“人，不需要有那么多过人之处，能扛事就是才华横溢。”什么叫能扛事儿？是心情最糟糕的时候，仍会按时吃饭，早睡早起，自律如昔。遇事时，不抱怨，不逃避，积极行动，走出困境。这样的人，才是能扛事的。

比情商更能决定人生的，是能扛事

所以，永远不要小看自己。要相信你的身体里，都住着一个超人！

奥运会撑杆冠军布勃卡，享有“撑杆跳沙皇”的美誉，曾数十次创造撑杆跳世界纪录。在接受国家勋章的授勋典礼上，记者们纷纷提问：“你成功的秘诀是什么？”

布勃卡微笑着说：“很简单，每次撑杆跳之前，我都会先让自己的心‘跳’过横杆。”

其实，在成名之前，布勃卡也曾经被挫折击垮过。每次练习撑杆跳的时候，都以失败告终。他一度沮丧又苦恼，甚至怀疑过自己的能力。有一天，他垂头丧气地来到练习场，忍不住摇头对教练说：“我真的太失败了，我实在是跳不过去。”

但教练平静地问：“你是怎么想的？”

布勃卡如实回答：“只要踏上起跳线，看到那根高悬的横杆，就很害怕。只觉得自己一定跳不过去。而事实上，真的如此。”

教练看着他，突然厉声叱喝：“布勃卡，你要做的就是相信你自己！只有相信自己能克服这个困难，才能真的取得成功。现在闭上眼睛，让你的心先从标杆上‘跳’过去吧！”

教练的训斥，让布勃卡如梦初醒。他遵从教练的吩咐，重新撑杆。而这一次，他真的顺利地跃身而过了。后来，布勃卡带着这份自信心，一次次直面挫折，一点点地突破自己，最后取得了辉煌的成绩。

在很多人眼里，挫折都是不可战胜的。面对挫折，只能望而止步，心生烦恼。但其实，只要给自己足够的自信心，勇敢地面对困难，才能越过人生道路上的一条条“横杆”。

正如法国作家巴尔扎克说的：“挫折就像一块石头，对于弱者来说是绊脚石，让你却步不前；而对于强者来说却是垫脚石，使你站得更高。”

当你扛过去后，你会发现：那种拼搏的劲头是多么的让人骄傲，自己的力量是多么的势不可当！生活有时候真的很苦，但你要记住：扛过去，世界就是你的！

人生漫长而又苦短，当我们遇到坎坷曲折，天灾人祸，山重水复疑无路，总以为过不去这个坎的时候，却常峰回路转，否极泰来，相遇柳暗花明又一村。

能扛住压力的人，都有极高的逆商

何谓逆商？逆商由四个维度构成，它们共同决定人的逆商指数。

1. 掌控感。逆商高的人掌控感更强，面对困境，他们会制定策略，采取有效的行动。比如，两个人同时被公司裁员。逆商低的人，会沉溺于痛苦中；逆商高的人，会四处投简历，去努力寻找机会。哪怕环境再不利，高逆商的人总会找到可掌控的局面，逐步缓解危机。

2. 担当力。有人曾向我提问："正心老师，怎样成为一个有担当的男人？"我回答对方："面对问题，承担之，解决之。"高逆商者愿意主动承担责任，善于总结经验教训，努力走出困境。

3. 影响度。当陷入困境时，低逆商者习惯将负面影响扩大蔓延。比如，被主管批评了，他们会一直恐慌和愤怒，导致工作出错等各种突发状况。而高逆商者有能力控制问题的影响范围。被主管批评了，只代表某项工作没做好，他们会努力改进，不会因此而沮丧。

4. 持续性。持续性探究两个问题：逆境会持续多久？逆境的起因会持续多久？低逆商者认为，逆境虽然不会一直存在，但也会持续很久。高逆商者却始终认为，逆境只是暂时的，持续努力就能走出困境。能扛住压力，是穿越人生低谷的法宝，是在泥沙俱下的世间生存的智慧。

如何提高逆商？

停止抱怨，转换心态。有人曾说："积极情绪是抗压能力的种子。"

当深陷困境时，我们要停止抱怨，多接触正能量的人和事物，转换心态，走出阴霾。

学会忍耐，提升自我。有耐力的人，能扛住任何环境的压力。他们就像撒落在石缝中的种子，努力吸收阳光雨露，为生命的绽放积蓄能量。

心存希望，积极行动。无论处境多么艰难，我们都要心怀希望，踏实行动，这样才能获得新生。

应对无常，培养反脆弱的能力。人的一生，总会遇到挫折和打击，但不必恐惧和惊慌。就像李白诗中所说："长风破浪会有时，直挂云帆济沧海。"

成功的人，大多有过一段痛苦难熬的岁月。这段低谷时光，犹如春天到来前的最后一场暴雪，扛过去了，一切都风光无限。

练习 5：点燃身体能量火，打开能量库大门

有一个姿势在我们生活中很常见，就是躺着。你去留意，当你躺在沙发上的时候，可能觉得身体很舒服，但这样很快就会让你昏昏欲睡。

但是当你身体坐直，双腿有力地置于地面，双肩平方，你很快就有完全不一样的状态！将你的脊柱伸直，双目聚焦，感受你身体绷紧，就像一支即将射出去的箭，你会发现自己身体的能量越来越足，工作起来十分高效。

这就是通过体态的调整，唤醒自己身体能量最简单的一个方法。每个人身上都有可以挖掘的能量。想要唤醒你的能量，你就要看自己无意识里面有什么东西让你很想睡觉。这个过程你可能会遇到困难，因为你的无意识并不想让你看到它，一旦你看到它，它就开始失去掌控你的力量。它可能是一个舒服的姿势，一个适宜的温度，一份高热量的甜品等。

如何躲避这些身体的陷阱，让身体的能量发挥到极致呢？有一个练习或许能帮助到你。

首先你试着感觉自己的呼吸，深吸一口气，当气息全部进去达到饱和状态的时候，屏住呼吸，用拳头轻轻捶打你的胸膛，把所有的气息都挤压出来，想象此刻它们就是你内在的坏情绪、不好的意识、负面能量等，然后随着你的锤打和呼气，它们都被你都清理掉了。 如此

重复，直到你的身体微微出汗。

在这个过程中，你一定要集中精神关注自己的内心状态。我有个学员常年都有胸闷的毛病，但是去医院检查又没什么问题。他在做这个练习的时候发现，当他开始向内关注自己的内心，胸口处非常紧，似乎有一大块郁结堵塞严重。每当他感觉到恐慌时，这种感觉就会更加明显，浑身冒虚汗。这其实是情绪造成的。是我们内心对事物的认识产生的情绪。当你不喜欢某事、某人时，内心的反应就是不高兴，于是气就不顺了。想要让身体处于通畅的状态，就是要让这股“气”得到释放，并且养成平和对待人和事的习惯。

当他明白问题的根源后，就开始转变自己对待人和事的心态，并尝试用这个方法清理自己内在那一股股不良情绪能量。其实我们从小到大发生的各种不愉快的事，都是导致我们内心逐渐形成越来越多的堵塞的根源，如果重新认识这些事，不再专注它们消极的一面，那么这些能量很快就会随着你的呼吸宣泄掉。

而我们呼吸的过程，就是模拟这些负面能量疏通的过程。

做这个练习可以让你迅速打开能量库的大门，让自己处于精神饱满的状态。

第六章

回归

如何活出真正的自己

念头为何会影响我们的身体状态

念头对人体的影响力多大？我所说的念头，其实就是我们的潜意识。

人类潜意识的影响力是非常巨大的，如果是正面、积极的意识，就会给人带来正面积极的改变，但如果是负面、消极的意识，就会给我们带来不好的结果。

很多人不懂这个规则，往往吸引到他不想要的、负面的东西。

意识不同，结果就大不相同。有一年在南京举办的商业领袖马拉松大赛，我担任负责人，当时有800多人参加。可是临近活动的头一天，很多人就开始退缩了，以各种借口搪塞，不愿意跑。这可怎么办呢，这是一个马拉松主题活动，要是都不跑，就没法完成了。于是我让助教们将大家召集起来，开了一个动员大会。

讲道理是不行的，大家都是成年人了，谁也不愿意听大道理。我跟他们说，明天的马拉松，对于我们所有人来说都是挑战，因为我也从来没参加过。

“明天我们如何能完成呢？我想跟大家来做一个实验，通过现场的感悟来设想明天所发生的一切。一会儿呢，我将在这个舞台的桌子上做100个俯卧撑，我需要三个人配合，一个得嘴快数数，一个是计时的，用手机调成秒表，另一个呢，把手放在我的脑门儿上，我每一个俯卧撑下来，都要碰到他的手。谁要是愿意的话，就可以报这三个角色。”

那是我第一次在大庭广众之下做俯卧撑。当我做完这 100 个俯卧撑的时候，计时的人报数，说 41 秒。当时台下掌声如雷。我告诉大家，其实明天的马拉松就跟我做这个俯卧撑一样，重在参与和完成。我们做企业的目的也是有规划、有毅力地往前走，而不是求速度，也许一开始很艰难，但你总会完成的。

在场的人都被鼓舞起来，后来大家分组顺利地完成了这个活动。说实话，我自己也没想到，我能在 41 秒内完成 100 个俯卧撑。后来我也尝试过很多次，都没有取得这个成绩。我细想了一下，为什么当时我能激发如此大的潜能呢?

第一，我抱着鼓舞会场所有人员的念头，这是我必须完成的；

第二，我给自己定的目标是 130 个。大家看到我做完 100 个了，其实我心里想的是更多，所以我给到身体的指令要求也更高，速度会更快。

那次马拉松我们分为全程、半程、三分之一程，最后比赛结果出乎我的意料，拿奖的都是报名全程的。这个道理其实跟我做俯卧撑是相通的。报全程的人，给自己定的目标更大，而半程甚至更小路程的人，意识会先于自己的身体放弃，明明体能还行，却告诉自己我已经很累了，所以很快就坚持不下去了。意识不光能够影响事情的发展方向，还能激发我们的身体潜能。

曾经听说过这样一则真实的故事：新加坡一位刚刚蹒跚学步的年仅三岁的孩子，看见从街上买菜回来的母亲走到自家的楼下，便兴奋地爬到阳台边的水泥护栏上，高声地嚷道："妈妈回来喽——妈妈回来喽——"

年轻的母亲听到孩子的呼唤，满心愉悦地仰头回应着。这时，却见孩子一不小心从护栏上跌落下来，生命危在旦夕。就在这千钧一发之际，母亲甩掉手中的菜篮和钱包，如同离弦的箭一般向孩子冲过去。此时她心中只有一个念头，就是无论如何也要接住孩子。她真的做到了，一把抱住了孩子，一个踉跄后便稳稳地站住了。随后，她喜极而泣。

事后，这个故事流传了开来。电视台的工作人员闻讯后策划了一个节目，在原来的阳台边丢下与得救的孩子一样重量的物品，让她再次从先前的起跑点冲过去接。可是，尽管她竭尽全力冲了过去，却未能在物品落地之前接住。

如此反复多次，这位年轻的母亲却再也没有成功。

后来，电视台又请来了当地的职业短跑运动员，从年轻母亲的起跑点冲刺去接阳台上落下的与孩子同样重的物体，仍然还是失败了，无一成功。年轻母亲在救孩子的危急关头，母爱的本能意识激发了她体内蕴藏着的巨大潜能，使她的奔跑速度远远超过了职业短跑运动员。意识对我们身体的影响是非常大的。当我们想竭尽全力做好一件事，这件事就会朝着我们期待的方向发展，反之，如果我们对自己做的事情忧心忡忡，各种迟疑、犹豫，那你一定会遇到各种各样的阻力。所以，我们想要改变命运，就从改变潜意识开始!

心理学家荣格曾说：你的潜意识操控着你的人生，而你却称其为命运。当潜意识被呈现，命运就被改写了。要想通过改变潜意识来改变自我实现的预言，需要以下一些原则和方法：

1. 人的潜意识和自我认知大部分是过去生命经验的积累和印记，所以要想改变，要先从觉察自己入手。比如，在遇到一些困境和痛苦时，去反思自己，为什么给自己造成了如今的局面？自己进入了哪些模式？自己有哪些地方压根不受理智所控？

2. 如果很难觉察自己的状态和模式，那也没关系，就从让自己觉得“不舒服”的部分入手。在生活中，让你觉得“不舒服”、有情绪的点，基本都是你需要去觉察和改变的部分。

3. 进行一些专业的学习和冥想练习。冥想、放松，都是可以有效链接潜意识的方式。当我们日常在清醒状态的时候，是完全觉察不到潜意识的。只有在冥想、放松，这种深沉放松的状态下，以一种特定的方式才能够去链接到潜意识。

觉察你的潜意识，积极引导、修正它，我们的身体潜能也会随之改变。

你的心理健康及格了吗

允许自己“丧”

世界上的各个地方，人们大都不能接受悲伤、痛苦、难过等负面情绪。甚至认为心理健康，就应该是没有“负面”情绪的。

我记得有一个学员，曾经在课程结束后的休息时间，跟我聊天。他说：“正心老师，您总是说淡定、别慌，似乎遇到什么样的事情都能从容处理。那上完你的课，是不是就不会有不开心的事了？”

我告诉他：“我不希望你们以为我上这个课，我就会乐呵呵，世界上只有两种人不会难过、伤心、失望。一类是精神病人，一类是死去的人。所以，只要你是人，你就会难过、会痛苦、会伤心和沮丧。”

任何情绪的产生，都是非常自然的事情，我们要做的就是接受它。这个时代我们的工作量，是我们父母那个时代的人不可想象的，面对的信息可能也是上几辈的人无法想象的。各种“996”加班制度、结婚买房养娃压力、容貌焦虑落后焦虑等，都让现代人的神经更加紧绷。在这种情况下，人们如何处理这些工作和信息、如何适应这种信息化工业化的环境，就可能需要独特的适应方式。

如果还死死遵守以前的标准，我们很容易被卷入到高速运转的信息世界里，迅速耗竭；并因为自身的能力难以应对外界的要求和速度，而感到焦虑不安。此时，允许自己丧，是一种隔离、一种边界。我们可以把外面的世界和要求暂且扔到一边，那些别人看起来不上进、像废物的举动，其实是一种难得的休息。在现代人身上，普遍出现的丧，只是一种出自本能的调节和适应。是我们顺应时代发展出来的一种健康的自我保护。

觉察自己的情结

借助于高科技，我们的社会发展突飞猛进，更新换代非常快，完全颠覆了前人的生活方式。但遗憾的是，科技带来的生产力提升和生产效率提高，似乎并没有解放人类，反倒让人活得更加疲惫和沉重。科技的发展不仅产生了更多的工作，而且要求你以更高的效率完成工作。

在一线城市，加班几乎是常态，很多互联网公司，不仅提倡“996”，还用各种算法，来督促你的效率提升。同时，通信的发达，让工作变得灵活。微信群一响，即使是深夜和休假，也得马上进入工作状态。不客气地说，很多年轻人其实活得像头驴，每天机械地拉磨，除了睡觉和吃饭，每天都有忙不完的工作。这个时代把你工具化，它不需要你具有什么人性，只需要你不停运转就行。

长期在这种环境下，丧、抑郁、焦虑正是一种人性的自然反应。小时候，我们允许自己有悲伤的时刻，但是长大后，开始有自我意识了，开始在意别人的看法：“当我有悲伤情绪的时候，别人会怎么说？”

于是我们开始掩藏这些情绪,刚开始不想别人看到,后来不想自己看到。于是我们会压抑掩盖这些情绪。

我发现，当我们压抑的时候，那些负面的情绪不会消失，恰恰相反，它们反而会更加强烈。我曾经给自己的学员们做过一个实验：请大家在接下来的几秒钟，千万不要想一个粉红色的大象。你们会怎么样？

结果大家反馈：脑子里面一直在想着粉红色的大象。

为什么？因为当你要抑制一种情绪的时候，它会变得更加强烈。

有一次，我去牡丹江师范大学去讲课，一般听课的也就五六百人，但是那次却意外地来了一千五百多人。看着下面黑压压的一片，我的压力其实非常大。但是当时我并没有压抑这种情绪,而是将它转为兴奋,把它视为挑战，演讲的效果也是出乎意料的好，甚至后面为我带来了一系列的合作。很多女性很常见的情况是,她们觉得自己不能经常生气,不然就不温柔了。但是如果经常压抑自己的情绪，这些怒火会在某天爆发，会让她成为一个暴怒的人，尽管她不停地告诉自己：不要生气，不要生气，但是怒火会越来越强，直到她们找到一个突破口得以发泄。

当我们压抑了自己的情绪，情绪在里面翻滚，就像我们设立了一个拦截感情的大坝，那么我就无法感受到爱、幸福。

如何释放自己的情绪

想要释放自己的情绪，首先要做的就是无条件地接受情绪。这里提供一些小技巧：

1. 允许自己哭或笑

不能够全心全意哭的人，也不能够全心全意地笑。在这个社会，我们作为服务提供者，有时候要抑制自己的情绪。但是在生活当中要有一个空间，允许自己做一个有情绪的人，当我们跟自己喜欢的人、关心我们的人在一起，他们会去尽可能无条件接受我们的情绪。在所有的婚姻当中，男性和女性都是受益者，但男性是婚姻中受益最多的，他们的幸福度上升比例最大。

调查表明，对男性而言，第一次感觉到无条件被接受和敞开心扉的时候，是和妻子谈心的时候。想先让你的伴侣成为人，就要允许对方有一定的空间，多听听他的心声。你可能是世界上第一个让他感觉到毫无保留的人，只有他不断地开放，你们才会感受到更多的幸福感和乐趣。允许自己成为一个有情绪人，想哭就哭，想笑就笑，接受自己的情绪。

2. 向他人倾诉情绪

研究表明，当我们听到了脑子里的声音，这也许会让事情更糟，但是说出来之后，说不定就会找到一个答案，我们要不停地去表达情绪。

3. 写日志

敞开心扉或者把事情记录下来也是一种释放情绪的好方法。有这样一项研究：首先叫一些人到实验室，然后让他们写一写过去发生在自己身上最困难的经历、感受、想法、观点，不管是否向别人提过，都可以匿名写下来。

用 20 分钟时间，不用担心语法，想写什么就写什么。然后第二天再用 20 分钟写写最困难的经历，可以写和昨天一样或不一样的事情，依然匿名，敞开心扉去写。这个实验持续进行了 4 天，每次都是 20 分钟，让他们充分表达自己的经历和情绪。

研究发现：4 天之后，他们的焦虑上涨了，但是在接下来的几天又下降了，回到原来的水平。即使在一年之后，还是维持在这个水平，虽然只用了 80 分钟，它却带来了巨大的影响。在这 80 分钟结束之后，这些人更加善于社交、更加和善和开心了。这就像疏通并打通了管道，让焦虑可以自由流淌。由于身心的结合，他们的免疫系统得到加强，他们生病的概率也降低了。只要 80 分钟，减少焦虑、更加快乐，而且更加健康。

大家可以想象，如果我们可以让情绪自由地流淌，就可以让身心更紧密地结合。愿意接受并释放自己情绪的人，比强忍眼泪的人好得多。积极地去记录和写作，可以写下人生的巅峰体验，也可以写下看到心仪的作品或者宝宝的出生。不管是不是最巅峰的体验，用 15 分钟记录下来，连续 3 天之后，人们都会感觉更加开心。请不要压抑自己的欢乐。

情绪需要一个发泄口，找到一个渠道充分释放自己的情绪，大哭大笑，找人倾诉，或者写下来，这都能让你的情绪趋于平和。人们对“积极心理学”有太多的误解，其实，“积极心理学”不只是表达快乐、爱情的情绪，也是加强你的心理免疫系统的工具。

这意味着，当你感到悲哀时，你的悲哀情绪会更快地恢复；你对朋友嫉妒时，嫉妒感可以更快地消失；你允许自己愤怒，然后通过适当的行动，走向成功的下一站。

小贴士

现在人们对心理健康的标准是这样定义的：

具有充分的适应力；

能充分地了解自己，并对自己的能力做出适度的评价；

生活的目标切合实际；

不脱离现实环境；

能保持人格的完整与和谐；

善于从经验中学习；

能保持良好的人际关系；

能适度地发泄情绪和控制情绪；

在不违背集体利益的前提下，能有限度地发挥个性；

在不违背社会规范的前提下，能恰当地满足个人的基本需求。

所有不舒服都是灵魂的语言

在墨西哥，有一个有趣的寓言：一群人急匆匆地赶路，突然，一个人停了下来。旁边的人很奇怪：为什么不走了？停下的人说：走得太快，灵魂落在了后面，我要等等它。

大部分人一生辛苦，只是为了身体，完全忘记了自己的灵魂。其实，对于每一个人来说，这两者都很重要。身体健康了，才能拥有爱情、名利、以及各种福利。然而，假如灵魂出了问题，多么健康的身体也不起作用。

无论是光鲜亮丽的成功人士，还是奔波忙碌的平凡草根，都在追寻着属于自己的幸福。然而，幸福到底是什么？不同层次、不同阶段、不同经历，对幸福的理解都会因人因时而异。人终其一生，都无法脱离身体和灵魂两方面的困扰。如果从这两方面来寻找幸福的终极意义，可用一个等式来描述幸福：真正的幸福 = 身体无痛苦 + 灵魂无烦恼。

理解了这一等式，幸福其实就在你身边，唾手可得。我们不仅要为身体而工作，也要为灵魂的归宿而努力。我们所有表象的问题和不舒服，其实都是内里出了问题。

有一个在看守所上班的女职工，她每天上班就是看管犯人，里面各色各样的人都有，因此承受的压力很大，晚上回到家，因 4 岁的孩子比较调皮，不听话，遇到心情不好的时候，她就会失手打孩子。可是每次打完之后，她就非常后悔、懊恼，但总是控制不住，陷入恶性循环。

后来她去心理医生那寻求协助，才找到深层次的原因：在她 7 岁的时候，给弟弟洗澡把衣服弄湿了，爸爸误以为她是带弟弟玩水弄湿的，抬手就打了她一个耳光，而她还没来得及辩解，爸爸的耳光又再次落下。

她跑回房间大声痛哭，这个时候爸爸就开始骂她“不会带小孩”“下次再玩水打死你”等。此类事件不断重复发生，给她心灵留下了深深的伤害。现在，她只要看到自己的小孩不听话，就会打。而且自己真的不会带小孩，没耐心。最严重的一次，是她把孩子反锁在门外，说“你滚吧！我不要你了！”而这，源于小时候她也被爸爸关在门外让她滚，不要再回来。

心理医生不断地引导她去面对自己灵魂深处的伤痕，看到那个年幼的自己，面对那种恐惧、紧张、被抛弃、不被理解的情绪，清除掉她灵魂中被种下的种子，于是她开始有了一系列的变化，在帮助自己调节情绪和养育孩子上有了截然不同的成果。这就是，灵魂给到我们身体的语言。

今年年底的时候，我去广州出差，发现自己的小腿上起了特别多的疹子，又疼又痒，还不能挠它。可是到了海南之后，这些疹子就自己消失了。我就想，这是因为广州的气温太低了，所以它会有病症，而海南温暖很多，所以它就不治而愈了。可是为什么我的小腿会怕冷呢？根源还要追溯到我在农村生活的时候。每年春种，我们都要下田插秧。东北的春天，即使温度已经上升了很多，但是水依旧是冰凉的，我们光脚下地，脚踩的地方，有些冰块都是没有融化的。这就给我的腿埋下了隐患。

身体状态好，环境舒适的时候，它毫无反应。但是一到气候寒冷，精神压力大或者休息不好时，它就开始显现了。我们的身体，记录着生命每个阶段所承受的一切，它其实是灵魂的一种提醒，它在告诉你，你需要善待自己的身体，需要跟过去和解，需要重视自己的精神状态。

通过身体，察觉你的灵魂语言

我们的身体，是自己最忠诚的朋友，一直用各种各样的方式提醒我们看看问题的根源，它是帮助我们觉察灵魂需求最好的伙伴。因为是身体非常的聪明，它时常会自动让我们把无法忍受的经验忘掉，可是我们没有真正地忘掉，这些经验都埋在我们的记忆存库里，这个存库就是我们的灵魂。

了解到这项事实，就能够理解为什么刺激我们的身体，例如：透过深呼吸或按摩会触动我们的情绪，或是我们的感官经验借由音乐、味道、食物、触碰、观看会刺激过去的一些记忆。

我们压抑到灵魂深处的情绪如果没有释放掉，会累积在身体里，成为紧绷、酸痛以及其他气阻塞的现象，长久时间下来会变成内伤。其实我们的身体是有智慧的，它能够自动地排除负面情绪累积在中央神经系统里失调的能量。

可是，因为我们从古代社会到现在，渐渐远离聆听自然与我们身体的智慧，愈来愈偏向用我们的头脑与逻辑过生活，在乎我们外在的形象而非内在的直觉。当我们不抗拒、不压抑任何的不舒服，而去聆听我们灵魂会如何带领我们释放这些情绪，我们就能够自然地把它排掉。

如果我们愿意进入自己内心深处，去感觉过去某个经验或创伤带给我们的感觉，观察我们身体里起伏震荡的能量，跟着这个颠簸的能量英雄我们的身体，发出体内的声音，身体就会自动让这股能量释放到底，最后，我们的中央神经系统就可以回到一个协调平衡的状态。

头脑的知识或许会忘记，但身体的智慧就如同学会了骑自行车一般，是永远不会忘记！身体如同我们灵魂的显示器，通过了解它、明白它，我们会拥有更健康快乐的生活。

道德首先被要求的是管理自己

道德是自律，而不是他律

女儿从日本留学回来，有一次跟我一起过马路，遇到了红灯。当时路上车和人都很少，我想都没想就准备穿过去。女儿叫住我说，爸爸，红灯呢，咱们再等等吧！我一听，立马就停住了。同时感到一阵羞愧。从小我教给孩子规则，可是我自身却没有做到很好的示范，反而让孩子给我上了一堂课。

很多人对别人提出要求很容易，反过来要求自己却做不到。不知道大家有没有过这样的经历，在公交车上被人要求让座位。

“你年纪轻轻的，身强力壮，怎么不给别人让个座呢？”

哪怕当时的你很疲劳，生病了甚至受伤了，但是在别人看来，你就应该给老人孩子孕妇让座。你不让，就是没道德。

这样的人，把道德绑架当正义，把个人善良建立在别人的损失中，还不自知。当道德的约束不断凌驾于规则之上的时候，那么谁占据了道德高地，谁就可以肆无忌惮实施道德绑架和指责。老人用尊老爱幼的说法，争夺公交座位和肆意插队；人们用有钱就该多出力的理由，谴责不捐的明星和企业家；穷人用别人比自己有钱为借口，不愿为自己的错误埋单；得到帮助的人，却把帮助变成了别人必须履行的义务……

这些所谓拿道德为借口的人，只不过是以自我为中心，以道德的身份绑架别人，好达到自己的目的罢了。这是一种非常错误的做法。道德只是约束人们行为的一个标准，不是拿来实现个人目的的工具。它应该是我们对自己行为约束的准则，而不是用来要求他人。

你可以自我约束，却不能要求别人，这才是道德。

真正的道德，在没人看见时

在公共场合，很多人都会注意自己的言行举止，比如不随地吐痰，不乱扔垃圾，不破坏公物等，因为众人的眼睛就是一个监测仪，它们时刻审视着每个人的道德，在这种无形的压力下，大家都会自觉遵守道德规范。就好像没有人会当着一群人的面肆无忌惮地偷东西一样，因为被看到了就会受到谴责甚至制裁。其实真正的道德是自我约束，这种约束体现在，当没有外人眼光注视你的时候，你是否依旧保持自己的道德感?

在回答这个问题前，我想先跟大家讲述一个发生在美国的真人真事。那是一个2月早春的傍晚，天上，似有似无地飘着一点蒙蒙雨雪，塞纳·马恩省昂驾驶着一辆福特汽车从波特兰赶往谢里登签一份订购合同。这份合同非常重要，它几乎决定着他的公司的命运，这是经过三个多月的艰苦谈判，几经磨难，才取得的成果。塞纳·马恩省昂异常高兴，哼着小调，一路飞奔。

路上的车不多，一路绿灯，所以他开得很快。到了约定的地点，停车的时候，他借着灯光，似乎看到了一点什么？塞纳·马恩省昂俯下身子仔细地看，发现右前轮上沾有异样的东西。凑近时，他闻到了一股刺鼻的血腥味。他用手一摸，真的是血！

塞纳·马恩省昂吓了一跳，一下子紧张起来，难道是自己疾驶中撞上了人？

他反复回忆，似乎没有车子碰撞物体的印象。可车轮上的血迹却是真的。但塞纳·马恩省昂在近在咫尺就可到手的财富与车祸之间，他几乎没有犹豫，如果他不及时赶回，找到那个可能被他撞伤的人。后果会多么可怕。也许，他的生命还有救？他相信，上帝的眼睛在天上盯着他，上天一定会庇佑好人，上天一定会惩罚恶人。回去的路，是一条将罪恶变成善良的路。凭着一个基督徒的虔诚，他立马上车，发动引擎，掉转车头，沿着他走过来的路细细地查看。

这时，等待签约的商业伙伴打来电话，问他为什么不遵守时间，催他快一点。塞纳·马恩省昂解释说，自己有急事，等会儿就到，恳请原谅。等在那里的商业伙伴大为光火，嚷道：

“见鬼去吧，你这个不守时的家伙！”

随即挂了电话。塞纳·马恩省昂怔了怔，那可是一笔300万美元的合同啊！他真想飞奔过去，这个合同对于他生死攸关，也许今世今生的命运，会被这个合同改变！可是，他还是驱车上路了。他的眼里，似乎看到了躺在血泊中的伤者，痛苦的呻吟，人命关天。在大雾弥漫的夜色中，塞纳·马恩省昂边开车边沿途察看。最后，在高速公路行程近一半的路边，他真的看到了一个人的黑影躺在那里。他赶忙停车下去。躺在地上昏迷不醒的是一位十三四岁的女孩。

她的头部受了伤，血流了很多。

塞纳·马恩省昂抱起这个女孩，把孩子送到了医院。经过抢救，孩子暂时脱离了生命危险，但还是昏迷不醒。警方联系上了女孩儿的父母，这对爱女心切的夫妇咆哮着冲向他，暴打塞纳·马恩省昂。塞纳·马恩省昂不做辩解，流着眼泪默默忍受。他想，如果他是这孩子的父母，他也会对肇事者拳脚相加。他被打得鼻青脸肿，吐出了两颗带血的牙齿，他回到家，家里人都说他太傻，既然没有事实证明他是肇事者，何苦要把责任往自己身上揽？塞纳·马恩省昂并没多做解释，他放下手头的业务，每天在医院陪护那位名叫凯瑟琳的受伤女孩，并及时支付了所有的医疗费用。

凯瑟琳昏迷了26天，塞纳·马恩省昂寸步不离地守护了26天，花费了3.8万美元的医疗费。可喜的是，第27天，凯瑟琳终于清醒过来，并且向人们说出了真相：事发当天，她背着画夹到郊外写生，返回途中，她记得很清楚她是被一辆迎面驶来疯狂的红色摩托车撞倒。警察记录了她的叙述，又调取了当天的街道上的监控，从监控的录像中，确认了女孩的叙述。并找到了那肇事的红色摩托车车主。

塞纳·马恩省昂车轮上的血迹只是车经过凯瑟琳身边碾到了淌在地上的血。事情真相大白。女孩的父母抱着他痛哭，他不是肇事者，而是这女孩的救命恩人。如果不是他的及时返回，并把孩子送到了医院的急救室，这个可爱的女孩早就没了。他的事情感动了整个美国，他的命运也因此而发生了改变，商业订单如雪片一般飞来，让他应接不暇，所有的人都相信，和这样的商人一路同行，那一定是一条通往天堂的路。在接受当地电视台采访时，塞纳·马恩省昂对记者的回答如此简单：当时我只想，如果我不返回察看，我一辈子都不会安心。我这样做只是为了让我安心，在生命和商业利益面前我别无选择。

这就是道德，即使没有任何人看到你的言行举止，你依旧会遵守内心的道德，主使你这么做的，叫良心。

对得起自己的良心

日本有个叫安部司的人，号称“食品添加剂之神”，做了一辈子的添加剂食品，一直心安理得。直到有一天，他看到自己的妻子女儿在吃他研究出来的速食肉丸，不禁傻了：在黏糊糊的肉碎里哗啦哗啦地加进添加剂做出来的肉丸，三聚磷酸钠、甘油脂肪酸酯、磷酸钙、山梨酸、焦糖色素……

而自己的孩子们吃得津津有味。

他慌忙制止，同时意识到自己根本不愿意让亲人们吃这些东西。再然后，他陷入深深的自责，很快辞了工作，开始宣讲，揭秘食品添加剂，讲这些东西的毒性和对人体的危害。

这世上泯灭良知的人和事有很多，未必是杀人放火，也可能是弄几部手机让小学生玩游戏，可能是卖假保健品蒙骗治病心切的老人，可能是忽悠穷人拿出家底去买根本不靠谱的理财产品，可能是往食物里加瘦肉精、苏丹红、三聚氰胺……

他们借此获利，活得很好很有面子。这让很多人困惑：既然坏人可以活得更舒坦，我们为什么还要艰难地做好人？因为做坏人是有风险和代价的。就算没有法律的惩罚，也有良心来主持公道。作恶时可能浑然不觉，但有朝一日良心发现，夜夜难眠噩梦连连，也是不好受的。

我小的时候，学校有一个特殊的“作业”，就是每个孩子都得向学校交一定分量的“农家肥”。这个肥料就是人和家禽的粪便。当时很多人会去翻开路边的雪，收集零散的动物粪便，速度慢又辛苦，也攒不了多少。我时常为凑不够肥料而发愁，于是动了歪心思。

当时我干了一件什么事儿呢？我就趁天不亮的时候，去生产队偷那个牛粪。因为它体积大，分量足，多偷几次就凑齐了。可这件事其实是很容易露出破绽的，因为我家不养牛。偷回来以后，我就在外边盖点雪，放点其他家禽粪便掩饰，蒙混过关。但其实我心里非常害怕，即使没有一个人看到我偷东西，我却寝食难安，觉得自己干了非常不道德的事情。这就是做贼心虚啊！

一个守住良心的人，才能获得真正的幸福和安宁。良心是个好东西，希望我们都有。为天地，为众生，更为自己。

你生活的环境才是你最真实的样子

世界上最不平凡的美是家里的美

我家虽是农村的，但院子和房间，都会被父母打扫得干干净净。外人进来，第一眼首先会被我们家的房子吸引。最醒目的就是那一堵院墙，是由各色石头砖块砌成，因为材质的不同，反倒有种别致的艺术美感。这堵墙是我爸用“修长城”一般的耐心和爱修成的。每天一大早他赶着毛驴车去邻村卖豆腐，回家的时候，车上就装着在路上捡来的石头、砖块。

就这样日积月累，院墙越来越高，越来越齐整，成了一道独特的风景线。

爸爸的这个举动，在我心中留下了极深的印象。我们的物质生活虽然并不富裕，但是他会想尽办法让自己的生活环境美观而舒适。有时候，好的生活状态，不一定是靠钱买来的。即使家徒四壁，也要尽可能让它整洁舒适。不放弃对家的向往，就是不放弃对生活的理想，对明天的梦想。它是所有志向的最终目标，是所有事业的劳苦的终点。

房间是否整洁有序、温馨舒适，是你对自己生活态度的一种体现。肯悉心打理，花心思布置，是你热爱自己的家，热爱生活的最大体现。一个愿意花费时间、心力去折腾自己的家，甚至是乐此不疲的人，一定是对生活充满了激情、向往的人。

你的人生就像自己的房间

哈佛商学院经过多年的研究，发现一个有趣的现象：幸福感强的成功人士，往往居家环境十分干净整洁；而不幸的人们，通常生活在凌乱肮脏中。由小家及大家，一个成功的企业，往往窗明几净，反之，一个濒临破产的企业，一定有肮脏的角落。于是，他们摸索得出这样一个结论："你所居住的房间正是你自身的折射，你的人生其实就像你的房间。"

脏乱差的环境像一个向下的螺旋，会让人变得越来越糟糕，而相反一个干净整洁的环境，像一个向上的螺旋，会令人越来越美好。有人曾经说过：如果你最近感觉懒散，对任何事都提不起精神，那就是你该清扫自己的房间了。

发现居住环境对人的影响力后，越来越多的人，从公司总裁到家庭主妇，纷纷成为"扫除力"的拥趸。一位天天以泪洗面的失恋女孩，把衣橱中的东西整理出 14 袋垃圾一口气丢掉。令她惊讶的是，随着密不透风的衣橱恢复整洁，她积郁的心情似乎明快许多。京瓷公司曾经一度经营不善，员工纷纷离职。总裁稻盛先生非常困惑，闲极无聊，于是每天在工厂里独自做清洁、刷厕所、割杂草。一段时间之后，他突然顿悟了企业存在的意义，并且改变了经营理念，从而令京瓷蓬勃发展起来。

因为清洁，为我们提供了对环境的“控制力”。这也是为什么，每次心情不好的时候，整理完房间就会莫名地开心，那其实是一种满足感与成就感。

除了减少压力荷尔蒙外，打扫的过程也是运动，它能刺激“内啡肽”的产生，是一种幸福的泉源，也是一种止痛剂。心理学家福雷斯特·塔利对清洁也有进一步的解读，“清洁的过程，可以让大脑的思路变得清晰，让我们反思更多事情、加入不同的观点，是一个健康的方法。”

干净的力量

宋朝洪迈曾经在《夷坚志》里提出：“高堂素壁，无舒卷之劳；明窗净几，有坐卧之安。”干净的房间可以让人扫除疲劳和不安，让心态更平和安静，好情绪同时又可以促进家庭的和谐。

美学家蒋勋曾经到一个朋友家去做客，这位朋友家虽然空间非常小，但是干干净净。房间里的绿植盆景郁郁葱葱，家里的家具没有几件，也并不昂贵，但是每一件东西都洁净、妥帖、舒适。蒋勋被邀请到窗前落座，眼前是房间里飘着茶香，耳边放着轻音乐，街道上的喧嚣被隔绝开来，在这样一个干净且充满诗意的环境中，一切都变得那么美好。他们一家人非常和睦，生活惬意，各自谈起自己的工作和学业，也是心平气和。

美好干净的环境，能让人与人之间更和气。古人常说：“一屋不扫，何以扫天下？”一个小小的“扫”字，甚至可以成为大天下的寄托与期冀。打扫的过程，就是处理、选择、扬弃的过程，是你与环境的互动。整洁的环境明显显示你的逻辑性和条理性。

我们为什么需要清理自己的生活环境？

1. 干净明亮的家，能带来好运

你去旅游，有两个朋友热情邀请你住她家。一个朋友的家干净、明亮、整洁。一个朋友的家脏、乱、臭。你选择住谁家？肯定是选干净、明亮、整洁的。而与人伴随一起的，则是运气。无论是小家还是企业，一个成功的企业，往往窗明几净，反之一个濒临破产的企业，一定有一个肮脏的角落。

2. 清理家就是增长智慧

每当有烦躁的事和情绪时，请整理家吧！我们外在的环境是内在的投射。那些脏乱臭代表的是内在的负能量及情绪堆积。养成勤快动手的习惯，一周一小清理、一月一大清理。让环境变清爽、人住里面自然舒适，幸福感自然增加，幸福感增加将带来成功。

而那些不幸的人，通常生活在凌乱脏乱的环境中。家里的脏乱也带来思想的混乱，清理家就等同于清理大脑中的垃圾，智慧自然会增长。

3. 清理家就是丢掉病菌

我们路过垃圾场，习惯掩住鼻子快走。长期待在脏乱的家，如垃圾场："久入兰室不闻其香，久住脏屋不觉其乱"。在垃圾场般的家住久，外在的脏乱容易引发身体的疾病，清理家就等同于清理病菌，身体自然更健康。

我有一个学员，长期性的过敏史已经有八年了，怎么都治不好，反反复复。我到她家去一看，发现她的衣柜里放着18年前不穿的衣服，我让她把那些衣服丢掉。

4. 清理家就是提升正能量

一个人走路非常轻松，可是如果让你背上很多的东西，你一定走不动。家里的东西塞得太满，就会导致家里的能量非常笨重，无法正常运作，更不可能带来美好的感觉。而将那些多余的清理掉之后，所带来的是非常轻松轻爽的正能量。

5. 清理家就是清理心灵

我们的家通常堆放很多闲置的物品、衣服，这些能量非常负面。当你不断清理家，就会越来越通畅，爱和感恩就流进来了。

人生如同一场旅程，有山穷水复的困顿，亦有柳暗花明的惊奇。从漫长的一生看来，过程中的负面情绪只是对生命的浪费，中国人说“得意时淡然，失意时坦然”，这不是中庸，却是扎扎实实的生活态度。所以，懂得及时清空心灵里的负面情绪，才能享受人生的每一处风景。

如何保持一个干净的环境？

1. 增加家里的储物空间

家里最难收拾的就是杂物，分类不明确，形状不规则，到处堆放，不仅影响美观，也会给清洁工作带来很大的麻烦。所以尽量要增加一些储物空间，有用的杂物可以分类存放，实在无用的早日丢弃掉，来减少自己的清洁工作量。

当然不是说买很多柜子，要利用家里的立面空间，有条件在客厅定制一组贴墙的顶天立地的柜子，这样一进门就是干净利索的样子。很多人选择在次卧做榻榻米，收纳能力也是惊人的。

扔完东西后家里空出了很多位置，但并不是再一次把它填充满，而是要保证“二八分”的原则，即每个地方有八分满即可，剩下两分，空出来。

2. 东西用完放回原位

家里脏乱，都是因为家庭物件的秩序乱了，所以在家里一定要有一个简单的用物原则，那就是东西用完要放回原位。

3. 早上起来轻打扫

每天早上起来，轻打扫，比如床铺整理、地面整理、桌面清理等大概十来分钟，保持整洁习惯。

4. 脏乱随时处理

干净的家是因为有好习惯的成因，所以家里哪里脏了，第一时间处理掉，而不是等到一个集中时间，脏乱会引发更严重的脏乱，这就是破窗理论。所以但凡哪里脏了，第一时间整理干净，千万别拖。

5. 家里衣物不堆积

每天换下来的衣服，不需要清洗的就挂起来，需要清洗的不要堆积好几天一次性处理，这样就让每次打扫变得很累，其实像小物件的内衣和袜子，当天就洗掉。大件的衣服，可以堆积一两天，及时处理，晾晒，这样也防止衣服生霉菌。

6. 定期大扫除

一周可以制定一个家庭大扫除的日子，这样既能够增进感情，还能在扫除中让大家都能够增强保持卫生的习惯。

每天保持卫生的话，大扫除也用不了多长时间，大扫除主要是角落死角。

练习 6：探索真实自我的静心技巧

你没那么重要

有一段时间，我开始调整自己的饮食，准备将体重减下去。但是我没有告诉任何人。因为正在减脂的人其实很容易给身边的亲人、朋友带来困扰，大家约你出来吃饭，或者是家里人做饭，看到你这不吃那也不吃，难免就产生扫兴的念头。

于是我找到了一个特别合适的方法，就是在吃饭的时候不停地为大家服务：端菜、倒茶倒水、招呼好朋友，陪他们说笑。偶尔我也会夹菜放到自己碗里，但是我一口都没吃。很神奇的是，在场没有一个人发现我没吃东西。

那一刻，我有了别样的感觉，其实我没那么重要，这个世界上在意我的人也没那么多。正因为这个世界并没有如你所想的那样关注你时，我们才能反观自己的内心，找到真实的自己。

这个事我跟自己的学员说过，后来有一次，有个女学员就想试试，她想难道真的没有人会注意到自己吗？于是那一顿饭她从头到尾都在服务别人，谈笑风生，甚至连饭店服务员都不让他们上菜，自己亲自跑到厨房去端菜。餐桌上，每个人都吃得很开心，没有人注意到这个学员其实一口饭都没吃。学员诧异的同时也感到失落。直到第二天，她的女儿才悄悄问："妈妈，你昨天是不是没吃饭呢？"

我听她说起这个经历，流露出伤感的神情，笑着告诉她，其实我们每个人都是一样的。今天你被别人忽视，换过来角色，你同样也会忽视别人。因为我们在这个世界上，并没有你自己想象的那么重要。

崔永元在《有话说》一书里面，提到一段经历让我深有感触。刚成为主持人那会儿，小崔总是自带一份年少时特有的得意和傲娇，本能地将自己当做舞台上的主角，认为大家来录节目或者到中央电视台的演播厅就是来看崔永元的，自己的一言一行都将左右观众的喜怒哀乐。

于是他每一次出场都精心装扮，甚至提前准备好各种名言警句，用来"舌战群儒"。但是最后发现，观众对他并没有那么多的关注，这样的结果，使其深受打击。后来他慢慢意识到大家并不是来看崔永元的，而是看采访嘉宾的。一想到这里，他心里一惊，赶紧调整心态，把自己定位成一个配角。他发现自己终于找到了主持人该有的状态，当他开始不把自己当回事，便有了那个手持话筒叱咤荧幕的小崔。

英国《每日邮报》曾经发表过一项科学研究，人们经常会硬性感觉有人盯着自己，其实压根没有。我有一个学员，名校毕业，后来进入一家外资企业，可工作多年，一直没能得到提升。一次我和她谈及当下的工作状态，她颇为烦恼地和我说她现在很"自卑"：明明一个简单的任务，总是担心哪里会出错，瞻前顾后，效率低下；遇到机会，也不敢表现自己，怕说错话，被领导否定；甚至弄花了妆容，都能尴尬一整天，担心同事笑话……

在这种担心下，她一天天变得畏首畏尾，越来越没有成就感。我告诉她，这哪里是自卑，只不过是你将自己看得太重要，太在乎别人的眼光了。这样除了让你背上了沉重的心理包袱，把自己压榨得精疲力竭，对其他人没有丝毫的影响。

诗人鲁藜说过："还是把自己当成泥土吧，老是把自己当作珍珠，就时时有被埋没的痛苦。"做人，千万别太把自己当回事，你并没有那么多观众。

如何找回真实的自己?

我们不妨找一个安静的空间坐着，想象自己的身体开始逐渐消失，仿佛成为一片影子。接着，想象回到你居住的房子，回到你办公的大楼，看看没有你的情况下，其他生命将怎样运行。你可以看到自己平时相识的亲友同事，但是他们看不到你。

你会看到，即使没有你，其他生命也会运行得很好。实际上，除了父母妻儿这样的至亲会挂念你一段时间，其他人挂念你的时候并不多，他们都在忙着自己的生活。

你做过的事情，生活过的痕迹，也会慢慢消失。这一切就像印在雪地上的脚印一样，雪慢慢融化，一切化为乌有。小鸟从天空飞过，不曾留下一片影子。人们并不需要你，当你发现这个事实，你将会慢慢获得平静。你不需要成为别人希望你做的某种人，你不需要背负起别人希望你背负的责任或者义务，你不再为世界上任何的人活着。

因为活在别人眼里的人，注定走不远，唯有活成自己想要的样子时，我们才会有源源不断的动力支撑着我们越走越远。人生这一路上，要么抬头走路，要么低头奔跑，无论何时何事，我们都应该专注在一件事情上，不要一边走自己的路一边看别人的眼光，否则我们很容易忘了自己的目标。

不要活在别人眼里，不仅是因为别人几乎没有参与到我们的人生中，还因为我们在别人心里其实并不重要。那些对我们品头论足的话，在他们心里，不过是无聊时的瞎扯而已。

宫崎骏曾说："这短短的一生，我们最终都会失去，所以不妨大胆些。"不妨大胆一些，走出别人的眼，走出属于自己的道路，也许过程会很艰难，但那样的你才是真正的你，那样的生活才是你真正想要的生活。那些在你心里住着的不能释怀的事情，大抵只有你自己在意，那些你人生里最难忘的那段时间，大抵只有你感到印象深刻而已。也许，一句"原来还有这件事"，一句"好久不见"，就能风轻云淡地将一切都翻了一页。

别太把自己当一回事，在他人的世界里，其实你真的没有那么重要，所以，放宽心去做自己吧，过好自己的生活，向着你的梦想奔跑。没有你，这个世界并没有什么改变。当你明白这一点，放下自大与傲慢，你将会投入更多的时间去探索真正的自己，这才是我们人生真正的方向。

荣格说，向外看的是梦中人，向内看的是清醒者。

随着自己一点点地经历、体验、学习和内观，我逐渐有了这样的意识：我们在生活中遇到的人、事、物，这些外在的“象”，是内在的投射。打个比方，内在是电影放映时的胶片，呈现在幕布上，从而有了我们可以看到的人物和故事。你有怎样的“投影源”，就能显化出什么样现实的“影像”。“相由心生”，并不单指外貌，它是一切外在的“象”。

现实世界，是我们内心的反射（投射），是内在信念系统、情绪、思维模式、行为模式的投射。外在源于我们内在所创建的振动频率。所以，外在世界或者外在表象，可以作为一个指示牌、一个路标，向你表明：你选择相信什么是真的，一切你潜意识所相信的，是在发出相应的振频，在现实世界中，会以一系列象征性的事物反射回来（显化出来）。

有人经营亲密关系，把自己的价值投射在他人身上，因为能为他人带来快乐情绪而自我感觉充实；有人经营公益活动，把自己放在他人需要的位置上，不计回报地付出，帮助那些需要被关怀的人，也能寻找意义。

现实世界，就像是一面镜子。当我们照镜子时，如果你皱着眉头，你是不会走向前，试图改变镜中自己的面部表情，你知道这么做没用，镜子里面什么都没有，那个你也不是真的你，那只是一个虚像，是平面镜反射形成的影像。你也知道，如果你不再皱着眉头，而是展露笑脸，那这个影像也将回敬给你一个笑脸，但你必须先笑，不能等这个影像先笑。

生活中遇到的一切不是向外埋怨或求救，而是向内探索。

我们要认真看看那些在内在喧嚣的声音，它们是来自外在的要求、标准、比较、自卑、嫉妒、诱惑？还是来自你内心那些想要冲破的潜能，想要活得喜悦快乐的被压抑的生命力，还是对生命不断进化拓展的渴望？

通常那些来自外在的声音都是比较大声的，它让你恐惧不安，而来自你心灵深处的声音却是精微的细语，也许会一闪而过。想要真正读懂自己，最本质的方式是向内探索，去寻找那个藏在我们潜意识中的真正的自己。因为我们是由“能量”与“振动”组成所认识的物理实体世界。每一个看得见的物体，每一种看不见的心念，都是一种能量。

霍金斯是美国的著名心理学家、灵性导师。他提出了一个理论：人类各种不同的意识层次都有其对应的能量指数，人的身体会随着精神状况而有强弱的起伏。在霍金斯能量表中，每一种情绪状态都对应相应的能量指数。比如羞愧是20，自我封闭，严重影响身心健康；勇气是200，给予信心和肯定；爱是500，专注生活中的美好，带来幸福。

“同频相吸”是宇宙中最普遍的自然定律。当一个人总是闷闷不乐，就会产生较低的振动频率，这样的频率显化在外界，吸引来的是一团乱糟糟的生活。当一个人内心充满喜悦和爱，这样的频率会吸引来美好的事物和生活。

你的思想吸引你想要的东西，你是积极向上的思想，你的气场就是积极向上的，你的思想是消极负面的，你的气场就是消极负面的，同时吸引消极负面的人和事。所以，向内探索的最终目的，就是加强我们的正能量场，做一个强大而稳定平和的人。